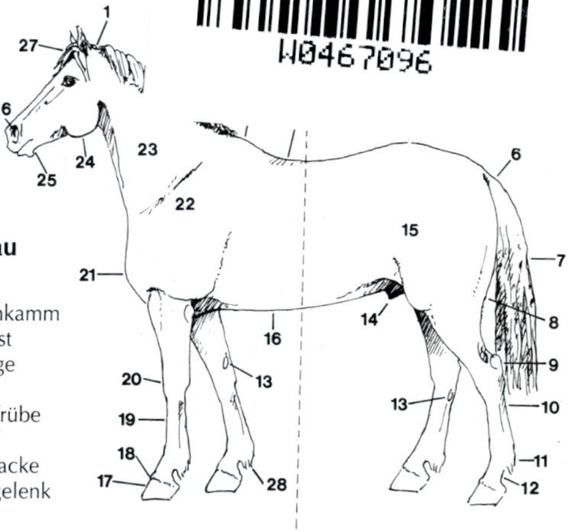

Körperbau

1 Genick
2 Mähnenkamm
3 Widerrist
4 Sattellage
5 Kruppe
6 Schweifrübe
7 Schweif
8 Hinterbacke
9 Sprunggelenk
10 Röhre
11 Fesselkopf
12 Fessel
13 Kastanien
14 Schlauch bei Hengst und Wallach (oder Euter bei Stute)
15 Flanke
16 Bauch
17 Huf
18 Kronrand
19 Röhre
20 Vorderfußwurzelgelenk
21 Brust
22 Schulter
23 Hals
24 Ganaschen
25 Kinngrube
26 Nüstern
27 Mähnenschopf
28 Kötenzopf

Abzeichen am Kopf

Christiane Gohl

Pferde und Ponys

KOSMOS

Zu diesem Buch

Für die meisten Menschen ist die Begegnung mit einem Pferd ein schönes Erlebnis. Viele Spaziergänger bleiben gern an Pferdeweiden stehen und bewundern die Vierbeiner, die oft zutraulich an den Zaun kommen und sich streicheln lassen.
Auch das Zusammentreffen mit Reitern im Wald wird von den meisten Wanderern begrüßt – jedenfalls dann, wenn der Reiter im Schritt und mit genügend Abstand an ihnen vorbeireitet oder auch einmal anhält, um ein Schwätzchen zu halten.
So mancher Tierfreund möchte dann gern wissen, um was für ein Pferd es sich handelt, und der Reiter wird gern darüber Auskunft geben. Aber auch über die Pferde auf der Weide möchte man vielleicht etwas erfahren, und darüber kann dieses Buch die erhoffte Aufklärung geben. Insbesondere viele Kleinpferderassen haben charakteristische Merkmale, so daß die Erfolgserlebnisse bei der Rassenbestimmung nicht ausbleiben. Bei den einander sehr ähnelnden Warmblutrassen hilft dagegen eher ein Blick auf das Brandzeichen.

Wie entstanden Pferderassen?

Alle Pferde gehen auf die Urform des *Eohippus* zurück, ein schäferhundgroßes Säugetier, das etwa 60 Millionen Jahre vor unserer Zeitrechnung lebte. Bedingt durch Umwelteinflüsse entwickelten sich daraus schon in der Eiszeit verschiedene Urpferdetypen. In den kälteren Gegenden, Gebirgen, Sümpfen und Wäldern lebten das Urpony und das Tundrenpony, beides ruhige Tiere mit den Bewegungsschwerpunkten Schritt und Trab.
Im Süden, in Steppen- und später Wüstengebieten, entstanden das größere Ramskopfpferd und der kleine, schnelle und wendige Urvollblüter. Aus ihnen entwickelten sich später – meist unter Einflußnahme des Menschen – die verschiedenen Pferderassen.
Vielen, vor allem ursprünglichen Rassen, sieht man ihre Urahnen noch an. So können Exmoor-Ponys das Urpony, Fjordpferde das Tundrenpony, Andalusier und Berber das Ramskopfpferd und Araber den Urvollblüter nicht verleugnen.

Wie unterscheiden sich Pferderassen?

Das einfachste Unterscheidungsmerkmal ist zunächst die *Widerrist*höhe, die gleich auf den ersten Blick erkennen läßt, ob man ein Kleinpferd oder ein Großpferd

vor sich hat. Der Widerrist sitzt am Halsansatz des Pferdes und ist gut zu erkennen, da der Knochen (Dornfortsatz der vorderen Rückenwirbel) hier dicht unter der Haut liegt und meist eine Wölbung bildet (vgl. die Zeichnung „Körperbau").
Wichtig ist weiterhin das *Format* des Pferdes. Es bezeichnet das Verhältnis zwischen Rumpflänge und Widerristhöhe des Pferdes. Warmblüter sind meist Rechteckpferde, Westernpferde, Araber und Ponyrassen Quadratpferde. Bestimmt wird das Erscheinungsbild des Pferdes auch vom *Kaliber*. Darunter versteht man das Verhältnis von Gewicht zu Widerristhöhe. Kalibrige, schwere Pferde unterscheiden sich von leichteren durch den größeren Brustumfang und den stärkeren Knochenbau. Meist ist ihr ganzes Erscheinungsbild runder und kompakter.

Kopf- und Halsformen

Kopf- und Halsformen sind ein weiteres Unterscheidungsmerkmal. Für manche Rassen ist z. B. ein *Ramskopf* typisch, also eine konvexe Aufwölbung des Profils. Araber und edle Ponyrassen neigen dagegen zum *Hechtkopf*. Hier ist das Profil konkav abgesenkt.

Farbe und Fell

Sehr einfach wird die Bestimmung, wenn die Rasse eine typische Farbe aufweist. Bekannte Farbzuchten sind beispielsweise die Haflinger-Füchse und die Lipizzaner-Schimmel, aber auch für manche anderen Rassen sind bestimmte Farben charakteristisch.

Oben: Ramskopf
Unten: Hechtkopf

Gelegentlich erkennt man eine Pferderasse auch am mehr oder weniger ausgeprägten Haarwuchs oder ungewöhnlicher Gangveranlagung, die allerdings für den Laien schwer erkennbar ist. Oft beeinflussen auch die Menschen das Erscheinungsbild einer Rasse. So tragen manche Pferderassen typische Frisuren, oder die Tiere sind mit einem Brand versehen, der auf ihr Zuchtgebiet hinweist. Auch solche Merkmale sind in diesem Buch erwähnt.

Nutzung

Sieht man ein Pferd unter dem Reiter oder im Geschirr, so erlaubt mitunter auch die Reitweise oder der Einsatz des Pferdes Aussagen über die Rasse. So sitzt z. B. ein Westernreiter seltener auf einem großen Warmblutpferd, der Dressurreiter kaum auf einem Isländer. Vor dem Planwagen oder beim Holzrükken im Wald trifft man eher Kaltblutrassen als etwa Ponys an. Unter der Rubrik „Wissenswertes" steht deshalb, in welcher Reitsportdisziplin oder zu welcher Arbeit die jeweilige Pferderasse am häufigsten genutzt wird und welche besonderen Bewegungen ihr möglicherweise zu eigen sind.

Wo sieht man Pferde?

Für manche Tierarten, vor allem Wildtiere, aber auch bestimmte Nutztiere, sind besondere Lebensräume bzw. Zuchtgebiete bezeichnend. Bei Pferden trifft das heute nicht mehr zu, denn vor allem Freizeitpferde werden aus aller Welt importiert. Die Gegend, in der man ein Pferd antrifft, erlaubt deshalb nur selten Rückschlüsse auf die Rassezugehörigkeit. Lediglich die Warmblüter deutscher Zuchten machen hier oft eine Ausnahme. So trifft man zum Beispiel in Baden-Württemberg eher einen Württemberger als etwa einen Westfalen, Mecklenburger oder Bayern an und umgekehrt. Sicher kann man aber nicht sein, denn die Zuchten vermarkten ihre Pferde bundesweit und über nationale Grenzen hinaus.

Haltungsform

Aussagen über die Rasse erlaubt aber mitunter ihre Haltungsform. Steht ein Pferd im Winter draußen und hat einen imponierenden „Pelz" entwickelt, so handelt es sich häufiger um ein robustes Kleinpferd als um einen Vollblüter oder ein edles Warmblut. Nach wie vor stehen auf Weiden, in Ausläufen und Offenställen mehr Kleinpferde, Freizeit- und Westernpferde als konventionell genutzte Sportpferde.
Grundsätzlich sollte sich jeder Tierfreund über Pferde freuen, die auch bei schlechtem Wetter draußen stehen. Jedes Pferd ist ein „Frischluftfanatiker", und ein bißchen Regen und Matsch macht ihm meist weniger aus als die stickige Luft im Stall. Eine

windgeschützte Hütte oder einen vergleichbaren Unterstand sollten die Weide oder der Auslauf jedoch aufweisen. Das ist vor allem dann wichtig, wenn die Pferde zu den hochblütigeren Rassen zählen.

von Zweigen sollten Sie unterlassen, denn man erwischt allzuleicht eine Giftpflanze, die den Pferden sehr gefährlich werden kann.
Hinzu kommt, daß die vielen netten Menschen am Zaun das Pferd übermäßig zutrau-

Aufmerksam betrachten diese ungarischen Vollblüter ihre Besucher

Begegnung am Weidezaun

Lassen Sie sich bitte nicht dazu verleiten, bei der Begegnung mit Pferden am Weidezaun ein Zuckerstückchen aus der Tasche zu ziehen! Das ist für die Pferde nicht gesund (Karies!) und bringt Sie zusätzlich in Gefahr, gebissen zu werden, wenn das Pferd schnell nach dem Lekkerbissen schnappt. Auch das Abreißen und Verfüttern

lich gegenüber Fremden machen. Besonders in Ballungsgebieten sind Pferdediebstähle häufig und enden meist auf dem Schlachthof. Je menschenbezogener das Pferd ist, desto leichter haben es dabei die Diebe.
Haben Sie deshalb Verständnis, wenn Pferdebesitzer Ihre Besuche am Weidezaun nicht allzugern sehen. Die hohen Elektrozäune und „Bitte-nicht-füttern"-Schilder zeugen nicht von Bosheit und Arroganz, sondern allein von der Sorge um die Pferde.

Kaltblüter

Kaltblut- und Warmblutpferde unterscheiden sich nicht durch ihre Bluttemperatur. Die Unterschiede liegen statt

Einen prächtigen Anblick bieten die kraftvollen „Dicken" vor dem Wagen!

dessen in der Schwere des Knochenbaus *(Kaliber)* und damit in der Kraft und Leistungsfähigkeit. Die Namengebung beruht darauf, daß die meisten Kaltblutrassen von gelassenem, ruhigem Temperament sind und damit eine gewisse Kaltblütigkeit an den Tag legen. Warmblüter dagegen reagieren hitziger und erregen sich leichter. Ihr Einsatz als Dressur- und Springpferde erfordert Temperament und Ausstrahlung.

Die schweren Arbeitspferde, heute oft liebevoll „die Dicken" genannt, wünscht man sich dagegen in erster Linie umgänglich und zuverlässig. Schließlich ist eine Tonne Pferd kaum zu halten, wenn es einmal in Erregung gerät!

Kaltblutpferd bezeichnet auch keine Rasse, sondern einen Pferdetyp. Seine Vertreter sind meist grobknochig und oft wahre „Fleischberge" mit gewaltigen Hufen. Dabei zeigen viele von ihnen einen relativ trockenen, edlen Kopf. Dies, sowie ihr oft starker Behang, erinnern an robuste Kleinpferderassen.

Vor der Erfindung und Verbreitung des Traktors und des Lastwagens züchtete man die „sanften Riesen" für Landwirtschaft und Fuhrunternehmen. In Deutschland, Frankreich und England entstanden verschieden große und schwere Rassen, je nachdem, ob reine Zugleistung oder auch Wendigkeit eine Rolle spielte, wie bei der Waldarbeit und im Gebirge.

Seit den sechziger Jahren drohten die „Dicken" dann auszusterben, denn landwirtschaftliche Maschinen und LKWs arbeiteten schneller und effektiver. Zum Glück fanden sich aber für praktisch jede Rasse Liebhaber,

Im Futtersack erhält das Pferd eine Stärkung während der anstrengenden Waldarbeit

die ihre Kaltblüter aus Tradition und reiner Freude an ihrem Charme, ihrer Kraft und ihrem guten Charakter behielten.
Für viele von ihnen lohnte sich im nachhinein die Zucht, denn in den letzten Jahren steigt erneut das Interesse am Kaltblut. Viele Freizeitreiter schätzen leichte Kaltblutrassen, und die schwereren werden zunehmend wieder zum Holzrükken eingesetzt. Niemand erledigt die Arbeit in den Wäldern nämlich schonender und umweltfreundlicher als die „Dicken", und so können wir hoffen, daß uns die liebenswerten Kaltblutpferde auch in Zukunft erhalten bleiben.

Ardenner

Frankreich

Typisch: Runder, kompakter Körperbau
Kennzeichen: Mittelschweres Kaltblut; meist braun in vielen Schattierungen, auch Braun- und Rotschimmel
Größe: 152–164 cm
Wissenswertes: Diese umgängliche Kaltblutrasse stammt aus den französischen und belgischen Ardennen. Das dort herrschende rauhe Klima machte den Ardenner zu einem äußerst robusten und kältebeständigen Pferd. Früher züchtete man den Ardenner kleiner und lebhafter, er galt als ideales Postpferd und wurde auch als Kavalleriepferd eingesetzt. Für die Zugarbeit in den Bergen mußte er jedoch größer und schwerer werden.
Im Verlauf des 19. Jahrhunderts erreichte er durch Einkreuzungen seinen heutigen Körperbau. Seit er in der Landwirtschaft nicht mehr gebraucht wird, findet der Ardenner unter Freizeitreitern und -fahrern neue Liebhaber.

Belgisches Kaltblut

Belgien

Typisch: Mächtiges Pferd mit ziemlich kleinem Kopf, gewaltigen Hufen
Kennzeichen: Sehr schweres Arbeitspferd; Hals und Rükken eher kurz; starke, kurze Beine mit viel Kötenbehang; meist Rotschimmel, auch Falben und Rotfalben
Größe: Bis ca. 170 cm
Wissenswertes: Belgier sind für viele ältere Pferdeleute die Kaltblüter schlechthin. Man gebraucht das Wort oft als Sammelbegriff für sämtliche Kaltblutrassen, woraus sich schließen läßt, welch großen Einfluß die Rasse auch auf andere, vor allem deutsche Zuchten, ausübte. Besonders im 19. Jahrhundert wurden viele der massigen Zugpferde in andere europäische Länder importiert. Heute gibt es nur noch wenig Bedarf für die extrem schweren Belgier. Auf Schauen oder als Arbeitspferde in Freilichtmuseen sind sie noch zu bewundern und finden mitunter auch vor dem Planwagen neue Aufgaben.

Bretone
Frankreich

Typisch: Eher kleine und kurze Kaltblutrasse
Kennzeichen: Hals und Rükken kompakt und gedrungen; gespaltene Kruppe; meist Füchse und Hellbraune, auch Rot- und Fuchsschimmel
Größe: 150–160 cm
Wissenswertes: Der Bretone ist dem Ardenner nah verwandt, aber kleiner und leichter. Er diente meist als Pferd des Kleinbauern, dem seine Anspruchslosigkeit und sein Arbeitswille zugute kamen. Früher wurde auch die bespannte Artillerie Frankreichs mit Bretonen versorgt. Heute züchtet man neben dem klassischen Bretonen einen schwereren Typ, der meist der Fleischproduktion dient. Aus Vermischungen mit anderen Pferden entstanden verschiedene Kreuzungsrassen. In den ehemals französischen Ländern Nordafrikas schuf der Bretone zusammen mit dem heimischen Berber ein sehr erfolgreiches Halbblutpferd.

Clydesdale

Schottland

Typisch: Meist braun mit vier weißen Beinen, oft große, weiße Abzeichen, sehr starker, seidiger Kötenbehang
Kennzeichen: Großrahmiger und weniger gedrungen als deutsche und französische Kaltblutrassen; auch Braunschimmel, Rappen und gelegentlich Schecken
Größe: Ab 168 cm
Wissenswertes: Der Clydesdale stammt aus Lanarkshire in Schottland, am Fluß Clyde. Die Rasse wird dort noch immer von Liebhabern gezüchtet, während sie im restlichen Britannien weitgehend von dem verwandten Shire Horse verdrängt wurde. Die Pferde werden für Schauen liebevoll hergerichtet und traditionell frisiert vorgestellt. Genutzt werden sie hauptsächlich als Fahrpferde im aufwendig geschmückten, landestypischen Geschirr. Im Umgang ist der Clydesdale meist einfach – bei einem Gewicht von über einer Tonne ist dies von unschätzbarem Vorteil!

Finnpferd

Finnland

Typisch: Sehr leicht, fast ponyähnlich
Kennzeichen: Kleiner Kaltblüter; oft Fuchs; auffallend guter, schneller Trab
Größe: Um 155 cm
Wissenswertes: Das Finnpferd gilt als das „schnellste Kaltblutpferd der Welt". Es wird in Finnland bei Trabrennen vor dem Sulky eingesetzt und erreicht imponierende Geschwindigkeiten. Dabei besticht es durch seinen Ausdruck und seine hohen, energischen Bewegungen. Finnpferde werden seit 1907 planmäßig gezüchtet. Während man zunächst ein schweres Arbeitspferd anstrebte, geht der Trend seit einiger Zeit zum „Allzweckpferd", das auch als Reitpferd Verwendung findet. Seine friedfertige, bereitwillige Gemütsart macht es in Finnland besonders als Schulpferd für Reitanfänger beliebt. Finnpferde sind zäh, gesund und robust und haben als Freizeitpferde sicher Zukunft.

Freiberger

Schweiz

Typisch: Leichter Kaltblüter, oft fast schon im Typ des schweren Warmbluts
Kennzeichen: Gut proportioniertes Pferd mit meist geradem Kopf und eher starkem Hals; helle Braune und Füchse dominieren
Größe: Ca. 150 cm
Wissenswertes: Der Freiberger stammt aus dem Schweizer Jura. Auf den Bergbauernhöfen wünschte man sich ein zuverlässiges, bewegliches Zugpferd, nicht zu schwer, aber leistungsfähig. Dazu kreuzte man im 19. Jahrhundert einheimische Landschläge mit französischen Kaltblütern und deutschen Warmblutrassen, vereinzelt mit Arabern. Das so entstandene Pferd fand bald auch bei der Kavallerie Verwendung. Bis in die heutige Zeit wird es bei Manövern in unwegsamen Gegenden eingesetzt. Man züchtet die charakterstarke, freundliche Kaltblutrasse vermehrt als Freizeitpferd zum Reiten und Fahren für die ganze Familie.

Noriker (Süddeutsches Kaltblut)

Österreich, Deutschland

Typisch: Oft Tigerscheckung
Kennzeichen: Schweres Arbeitspferd; häufig Ramsnase, neben den Tigern hauptsächlich Braune und Füchse
Größe: 155–160 cm
Wissenswertes: Der Noriker erhielt seinen Namen schon zur Römerzeit: *Noricum* ist die lateinische Bezeichnung seines angestammten Zuchtgebietes Kärnten. Stets züchtete man hier ein schweres Pferd für die Zugarbeit in den Bergen. Der Noriker ist noch heute zum Holzrücken unentbehrlich, und die Nachfrage nach den trittsicheren „Dicken" steigt. Ursprünglich züchtete man die Gebirgspferde in zwei Typen, den leichten Oberländer und den schwereren Pinzgauer. Seit 1952 hat man sie in Deutschland zum **Süddeutschen Kaltblut** zusammengefaßt.
Viele Liebhaber des Norikers betreiben heute Farbzucht, so daß die Tigerscheckung immer häufiger zu sehen ist. Leichtere Noriker werden auch zum Reiten eingesetzt.

Percheron

Frankreich

Typisch: Harmonische, runde Form, relativ edler Kopf
Kennzeichen: Schwere Zugpferderasse mit feinem Kopf und großen, ausdrucksvollen Augen; meist Schimmel
Größe: 155–165 cm
Wissenswertes: Der Percheron stammt ursprünglich aus der Landschaft La Perche. Er ist eine sehr alte Rasse, in die oft orientalische und andalusische Hengste eingekreuzt wurden. Im „Postkutschenzeitalter" züchtete man ihn leichter. Er erreichte damals beachtliche Trabgeschwindigkeiten. Als Gespannpferd bei der Pariser Omnibusgesellschaft erlangte er weltweit Berühmtheit. Nachzuchten bestanden in England, USA, Kanada und vielen anderen Ländern.
Der Percheron vereint Anpassungsfähigkeit, gutmütigen Charakter und lebhaftes Temperament mit energischen Bewegungen. Leider gibt es immer weniger Verwendungsmöglichkeiten für das sehr schwere Pferd.

Rheinisch-Westfälisches Kaltblut

Deutschland (Rheinland, Westfalen)

Typisch: Oft Fuchsschimmel mit relativ edlen Köpfen
Kennzeichen: Mittelschweres Arbeitspferd mit runden Formen; gespaltene Kruppe und eher wenig Fesselbehang; auch Füchse und Braune häufig
Größe: 160–170cm
Wissenswertes: Dieses ansprechende, lebhafte Kaltblutpferd wurde bis nach dem Zweiten Weltkrieg v.a. im Rheinland gezüchtet. Als der Bedarf an Arbeitspferden geringer wurde, stellte man die Zucht weitgehend ein und behielt nur wenige Pferde, die zunächst ausschließlich von Liebhabern gehalten wurden, aber auch wieder zum Holzrücken eingesetzt werden. Auch vor dem Planwagen sind sie häufig zu sehen. Das Zentrum der Zucht liegt in Westfalen, und Hengste wie *Nippes* und *Herzensbrecher* sind Publikumslieblinge auf den Warendorfer Hengstparaden. Sie werden geritten und zeigen zirkusreife Kunststücke.

Schleswiger

Deutschland (Schleswig-Holstein)

Typisch: Trockener Kopf; Füchse vorherrschend
Kennzeichen: Mittelschweres Kaltblutpferd mit trockenem und kräftigem Fundament, eher geringer Fesselbehang; alle Grundfarben
Größe: Um 160 cm
Wissenswertes: Das Schleswiger Kaltblut ist dem Jütländer nah verwandt. Wie er geht es auf das schwere Pferd zurück, das man im Mittelalter als Kriegspferd für Ritter, also als extremen Gewichtsträger, züchtete. Mitte des 19. Jahrhunderts kreuzte man die bodenständigen Pferde mit Vollbluthengsten, in den letzten Jahrzehnten der Nutzung als Arbeitspferd auch mit französischen Kaltblutpferden wie dem Boulonnais. So entstand ein wendiges Zugpferd, gutartig, arbeitsfreudig und mit lebhaftem Temperament. Inzwischen ist der Schleswiger aber vom Aussterben bedroht. Nur noch wenige Freunde der alten Rasse halten und züchten den Kaltblüter aus Liebhaberei.

Schwarzwälder Fuchs

Deutschland (Baden-Württemberg)

Typisch: Fuchsfarbe, oft Dunkelfüchse mit hellem Langhaar
Kennzeichen: Leichte Kaltblutrasse mit trockenem, kleinen Kopf, kurzem Hals und Rücken; vom Typ her dem Haflinger ähnlich
Größe: 150–155 cm
Wissenswertes: Schwarzwälder Füchse sind nah verwandt mit dem Noriker. Ihre geringere Größe und ihr leichterer Bau gehen auf Umwelteinflüsse im gebirgigen Schwarzwald zurück. Bis heute werden die kleinen, ansprechenden Pferde als Wagenpferde und zum Holzrücken eingesetzt. In ihrem angestammten Zuchtgebiet sieht man sie oft vor Kutschen, Planwagen oder Schlitten mit Ausflüglern oder Touristen. Ihre Leichtfuttrigkeit und Umgänglichkeit – und natürlich auch ihre Größe, die sie weniger mächtig erscheinen läßt als andere Kaltblutrassen – verschaffen ihnen zudem oft „Familienanschluß" bei Freizeitreitern.

Shire Horse

Großbritannien

Typisch: Außerordentliche Größe; sehr häufig dunkelbraun mit weißen Beinen, starker Kötenbehang
Kennzeichen: Sehr großrahmiges, dabei harmonisch gebautes Pferd mit trockenem Kopf, starkem Behang und meist hoher Aufrichtung
Größe: Oft über 185 cm
Wissenswertes: Das Shire Horse ist die größte Pferderasse der Welt. Man kennt es hauptsächlich aus der Werbung für englisches Bier, sieht es hierzulande aber mitunter auch als Reitpferd.
Sein Einsatz als solches greift eine Tradition der englischen Ritterschaft auf: Im Mittelalter dienten die Vorfahren des Shire als tragfähige Schlachtrösser. Wie die meisten Kaltblüter ist der Shire so gutmütig wie groß, und seine Besitzer beteuern, er fräße auch gar nicht so viel: höchstens zwei Ballen Heu pro Tag!
Sein Name spricht sich übrigens nicht „Scheir", sondern „Schah".

Warm- und Vollblüter

Warmblut- und Vollblutrassen werden speziell für die Nutzung unter dem Reiter gezüchtet. Vor allem der Vollblüter war immer nur Renn- und Reitpferd. Warmblüter fanden sich vor Erfindung des Automobils auch vor den Kutschen der besseren Gesellschaft, vor Postkutschen und überall dort, wo rasches Fortkommen der Gespanne wichtiger war als reine Zugleistung. Um beides zu verbinden, züchtete man damals auch verschieden schwere Warmbluttypen. Das eine Zuchtgebiet war mehr für seine Kutschpferde, das andere eher für seine Reitpferde berühmt.
Heute züchtet man Warmblüter praktisch nur noch für den konventionellen Reitsport. Die Eignung der Pferde für das Dressur- und Springreiten ist das Hauptselektionsmerkmal. Das führte zu einer gewissen Vereinheitlichung des Warmblutpferdes. Vor allem die in der internationalen Warmblutzucht besonders erfolgreichen deutschen Zuchtgebiete orientieren sich durchweg am Ideal des Deutschen Reitpferdes: elegant und ansprechend gebaut, mit leichten, schwebenden Gängen und großem Springvermögen. Ob man ein rheinisches oder hannoversches, westfälisches oder sächsisches Warmblutpferd vor sich hat, erkennt man oft nur noch am Brandzeichen.
Man kann über diese Entwicklung traurig oder erfreut sein, aber die Erfolge im internationalen Sport geben dieser Zuchtrichtung recht und führen dazu, daß die Warmblutzuchten anderer Länder nachziehen. Auch hier veredelt man nun bodenständige Rassen mit Vollblütern und strebt den Sportpferdetyp an.
Wie das Wort „veredeln“ schon sagt, sieht man in den Vollblutrassen den alten Adel der Pferdewelt. Darunter ist der Araber sicher die älteste, bewußt auf Leistung gezüchtete Pferderasse. Mit seinem extrem leichten Körperbau und seinem trockenen Kopf, der dünnen Haut und den trockenen, aber starken Beinen ist er der Prototyp des Vollblutpferdes. Seine ursprünglichen Züchter, die Beduinen Arabiens, verlangten Geschwindigkeit, Wendigkeit und Menschenbezogenheit. Sie setzten ihre Renner vor allem bei Kriegs- und Raubzügen ein. Auch die englischen Rennsportfans, die dann später das Englische Vollblut schufen, hatten hauptsächlich Schnelligkeit im Sinn. Der elegante, leichte Körperbau, die trockenen, sehnigen Beine und das gesunde Herz-Lungen-

System kamen „automatisch“ dazu. Diese Eigenheiten waren es, die den englischen Vollblüter zu einem so beliebten Veredler von Warmblutrassen in aller Welt machten. Zudem verdankt er diese Rolle der zentralen Lage seines Zuchtgebietes. Der von Leistung und Eigenschaften vergleichbare Achal Tekkiner konnte wesentlich weniger Rassen seinen Stempel aufdrücken, denn die Steppen Turkmeniens beschickten keine europäischen Rennbahnen mit ihren Pferden. Auch heute noch werden zumindest englische Vollblüter hauptsächlich als Rennpferde genutzt. Wie die anderen hochblütigen Rassen, Araber, Berber, Tekken und Traber, findet aber auch diese Rasse immer mehr Freunde in der Freizeitreiterszene, denn außerhalb des konventionellen Sportbereichs schätzt man die Vielfalt der alten, möglichst rein gezüchteten Rassen. Vollblüter werden besonders als Distanzpferde geschätzt.

Oben: Galopprennen in Riem
Unten: Schulpferde sind meist Warmblüter

Achal Tekkiner

Rußland, Turkmenien

Typisch: Goldglanz im Fell, „Windhundtyp"; oft Neigung zum Hirschhals
Kennzeichen: Sehr edles, langgliedriges Pferd, langer, trockener Kopf; seidiges, oft spärliches Langhaar; meist mager; alle Grundfarben außer Schecken
Größe: 152–164 cm
Wissenswertes: Achal Tekkiner sind nach dem turkmenischen Nomadenstamm der Tekke benannt. Die „goldenen Pferde" sind außerordentlich schnell und ausdauernd auf langen Distanzen. Ihr Bewegungsablauf ist leichtfüßig und gleitend. Achal Tekkiner werden inzwischen auch außerhalb des Ursprungslandes geschätzt und nachgezüchtet. Sie sind vielseitige, temperamentvolle Freizeit- und Sportpferde, brauchen aber ruhige, erfahrene Reiter. Für Robusthaltung sind sie nur bedingt geeignet. Ihr extrem dünnes, seidiges Fell schützt sie nicht ausreichend vor Regen und Sturm.

Andalusier

Spanien

Typisch: Imponierende Erscheinung, gerades Profil; oft wellige Mähne
Kennzeichen: Mittelgroßes Pferd mit hoher Aufrichtung; oft Schimmel, aber auch Braune, Isabellen und Rappen
Größe: 155–160 cm
Wissenswertes: Die offizielle Bezeichnung des Andalusiers lautet *Pura Raza Española,* reine spanische Rasse. Im 16. bis 18. Jahrhundert waren die stolzen spanischen Pferde auch unter der Bezeichnung *Genetten* bekannt und in ganz Europa verbreitet. Heute züchtet man sie vor allem in der Region um Jerez de la Frontera, wo sich seit 1973 die Königlich-Andalusische Reitschule befindet. Ausbildungsinhalt ist die klassische Dressur, für die sich der Andalusier in besonderem Maße eignet. Die Pferde wurden und werden auch beim Stierkampf zu Pferde eingesetzt. Von Umzügen auf spanischen Volksfesten sind sie nicht wegzudenken.

Anglo-Araber

Frankreich

Typisch: Eleganter Reitpferdetyp mit trockenem Vollblutkopf
Kennzeichen: Nobles, leichtes bis mittelschweres Pferd, meist kalibriger als die Ausgangsrassen; alle Grundfarben
Größe: 155–162 cm
Wissenswertes: Der Anglo-Araber entstand aus der Kreuzung von Vollblutarabern und Englischen Vollblutpferden. Ziel der seit 1835 vorwiegend in Frankreich betriebenen Zucht war ein leistungsfähiges Sport- und Rennpferd, das die günstigen Eigenschaften der beiden Vollblutrassen in sich vereint. Die Pferde müssen mindestens 25 % Araberblut führen, andere Blutbeimengungen sind nicht erlaubt. Sie sind äußerst erfolgreiche Sportpferde, ihr Springvermögen und ihre eleganten Bewegungen machen sie besonders für die Vielseitigkeit geeignet. Ihr Temperament ist oft hitzig und verlangt erfahrene Reiter und Pfleger.

Arabisches Vollblut

Arabien

Typisch: Zierlicher Bau, oft hochgetragener Schweif
Kennzeichen: Hocheleganttes, leichtes Pferd in Quadratform; kleiner, trockener Kopf, oft Hechtkopf
Größe: Ca. 150 cm
Wissenswertes: Araber sind die wohl älteste Zuchtrasse der Erde. Sie sollen auf fünf Stuten des Propheten Mohammed zurückgehen, die als einzige seinem Ruf folgten, als er sie von der Tränke weg in die Schlacht rief. Tatsächlich riet der Prophet seinen Anhängern zu sorgfältiger Pferdezucht und guter Behandlung der Tiere, denn seine Kavallerie war sein großer Trumpf im Kampf für seinen Glauben. Die arabische Zucht brachte ein äußerst ausdauerndes, genügsames Galopp-Pferd hervor, dem auf lange Distanz auch heute noch kein anderes gleichkommt. Der Araber ist intelligent, sensibel und sehr menschenbezogen. Er wurde in viele andere Pferderassen eingekreuzt.

Baden-Württemberger

Deutschland (Baden-Württemberg)

Typisch: Württemberger Brand; etwas kleiner als die meisten deutschen Reitpferde
Kennzeichen: Mittelgroßes, kräftiges Warmblutpferd; oft Füchse mit großen Abzeichen, aber auch alle anderen Grundfarben vertreten
Größe: Um 165 cm
Wissenswertes: Die Württemberger Warmblutzucht wurde stets schwerpunktmäßig vom Haupt- und Landgestüt Marbach a. d. Lauter betrieben. Nachdem man zunächst ein eher grobes Wirtschaftspferd züchtete, setzte man später Anglo-Normänner und vor allem Trakehner ein, um die Zucht zu veredeln. Besonders der Trakehnerhengst *Julmond* beeinflußte den Typ des modernen Württembergers. Der Württemberger ist vielfältig einsetzbar und erfolgreich in Dressur und Springen. Die optimalen Aufzuchtbedingungen mit Herdenhaltung in Marbach machen ihn auch zu einem robusten, ausgeglichenen Freizeitpferd.

Bayerisches Warmblut

Deutschland (Bayern)

Typisch: Bayernbrand
Kennzeichen: Mittelschweres Warmblutpferd; alle Grundfarben vertreten
Größe: Ab 165 cm
Wissenswertes: Die bayerische Pferdezucht gehört zu den ältesten in Deutschland. Bekannt war vor allem der Rottaler, ein schweres Warmblut, das sich als Reit- und Wagenpferd gleichermaßen eignete. Es wurde bereits zur Zeit der Kreuzzüge geschätzt. Gegen Ende des 18. Jahrhunderts wünschte man sich dann ein leichteres Pferd für militärische Zwekke. Man kreuzte Halbblüter und Pferde mit neapolitanischer und spanischer Abstammung ein. Das moderne bayerische Warmblutpferd geht vorwiegend auf die Veredelung mit westfälischen und hannoverschen Hengsten zurück. Neben dieser offiziell verfolgten Linie bemühen sich Freizeitreiter und -züchter aber auch um die Wiederbelebung der uralten Rasse des Rottalers.

Berber

Nordafrika

Typisch: Kleines, edles Pferd mit geradem Kopf, guter Aufrichtung, kräftigem Hals. Sehr häufig Hengste, da wenig Stuten importiert werden
Kennzeichen: Der alte Schlag des Berbers zeichnet sich durch einen mächtigen, geschwungenen Hals und eher hohe Bewegungen aus, der orientale Typ durch leichteren, eleganteren Bau
Größe: Um 150 cm
Wissenswertes: Ursprünglich war der Berber das Kriegspferd der Mauren. Das kleine, sorgfältig ausgebildete Pferd machte deren Streitmacht wendig und schnell. Dabei verfügt der Berber über einen eher ruhigen, ausgeglichenen Charakter. Da er in der Wüste ständig Temperaturschwankungen um 40 Grad ausgesetzt war, kommt er auch mit dem Wetter in Europa gut zurecht. Freizeitreiter schätzen den klugen, freundlichen Berber als Dressurpferd und setzen ihn auch gern auf langen Distanzen ein.

Brandenburger/Mecklenburger

Deutschland (Brandenburg/Mecklenburg)

Typisch: Brandzeichen des jeweiligen Zuchtgebietes
Kennzeichen: Edles Warmblut; alle Grundfarben
Größe: Ab 160 cm
Wissenswertes: Das Mecklenburger Warmblutpferd hat eine lange Geschichte. 1787 wurde in Neustadt a. d. Dosse das Friedrich-Wilhelm-Gestüt gegründet. Zuchtziel war ein vielseitiges, vor allem für die Kavallerie nutzbares Reit- und Fahrpferd. Man kreuzte dazu englische Halbblüter und Araber mit bodenständigen Stuten und arbeitete oft mit dem berühmten Gestüt Trakehnen zusammen. Auch Achal Tekkiner wurden als Veredler eingesetzt. Nach dem Zweiten Weltkrieg machte die DDR-Führung Neustadt zum „Volkseigenen Gestüt", auf dem man durch Einkreuzung von Hannoveranern, Trakehnern und Vollblütern das Edle Warmblut züchtete. Heute präsentieren sich die Pferde als elegante, leichte Warmblüter mit viel Charme.

Budjonny

Rußland

Typisch: Goldglanz im Fell
Kennzeichen: Leichtes Sportpferd mit trockenem Kopf und geradem Profil; Füchse und Hellbraune vorherrschend
Größe: Um 160 cm
Wissenswertes: Diese Pferderasse verdankt ihr Entstehen dem sowjetischen Marschall Sergej Budjonny. Er begann um 1920, nach der russischen Revolution, mit der Züchtung einer edlen Warmblutrasse aus Donpferd und Englischem Vollblut. Zuchtziel war, die Robustheit und Konstitution des Donpferdes mit dem Gangwerk und der Ausdauer des Vollblüters zu vereinen. Nach anfänglichen Fehlschlägen gelang das auch. Die ursprünglich als Kavalleriepferd gedachte Rasse konsolidierte sich als Sportpferd und ist besonders in der Vielseitigkeit und beim Springen erfolgreich. Dabei wird der Budjonny immer noch robust und in der Herde aufgezogen. Er ist freundlich und langlebig.

Donpferd

Rußland

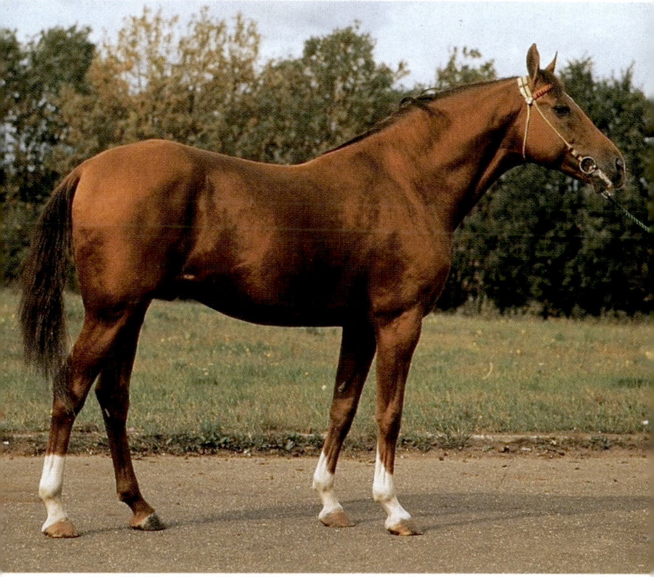

Typisch: Langer, schlanker Ramskopf; oft Goldfuchs
Kennzeichen: Leichtes, im Rechtecktyp stehendes Warmblutpferd; mitunter Hirschhals; wenig Behang
Größe: 155–160 cm
Wissenswertes: Das Donpferd war das Pferd des berühmten Reitervolkes der Kosaken, also ein kleines, wendiges Steppenpferd von besonderer Robustheit. Zu Beginn des 19. Jahrhunderts wollte man die Rasse jedoch etwas größer und edler und züchtete Orlow-Traber und später auch Englisches Vollblut ein.
Seit Beginn dieses Jahrhunderts wird die Rasse rein gezüchtet. Man selektiert mit Hinblick auf den modernen Sportpferdetyp, was aber noch nicht immer vollständig gelingt. Das Donpferd zeigt nach wie vor energische, jedoch eher kurze und harte Bewegungen. Seine Robustheit und Ausdauer machen es zu einem guten Distanz- und Wanderreitpferd.

Englisches Vollblut

England

Typisch: Leichter Bau, edler Kopf, hochbeinig, kurzhaarig
Kennzeichen: Schmales, elegantes Pferd mit trockenem Kopf und trockenen Gliedmaßen
Größe: 160–170 cm
Wissenswertes: Alle Pferde dieser speziell für den Galoppsport gezüchteten Rasse gehen auf drei orientalische Hengste zurück, die in der ersten Hälfte des 18. Jahrhunderts nach England kamen: *Godolphin Barb, Darley Arabian* und *Byerley Turk*. Zusammen mit etwa 50 Stuten bildeten sie den Grundstock der Rasse und wurden im ersten General Stud Book registriert. Besonders um den Hengst *Godolphin Barb* ranken sich romantische Legenden, da er zunächst als Arbeitspferd dienen mußte, bevor man seine Beschälerqualitäten erkannte. Einziges Selektionskriterium beim Englischen Vollblut war immer die Geschwindigkeit. Auf Kurzstrecken erreicht es ein Tempo um 70 km/h!

Europäischer Standard-Traber

Frankreich, Deutschland, USA

Typisch: Weite, schnelle Trabbewegungen; meist Braune, Dunkelbraune und Rappen
Kennzeichen: Bei der Traberzucht ging es stets nur um Geschwindigkeit im Trab. Auf ein gleichmäßiges Erscheinungsbild wurde kein Wert gelegt. So gibt es kleine, sehr leichte Traber im Vollbluttyp, aber auch große, schwere im Warmbluttyp
Größe: 145–170 cm
Wissenswertes: Trabrennen mit hochblütigen Pferden auf speziellen Rennbahnen gibt es in Europa seit der Jahrhundertwende. Mit russischen Orlow-Trabern und französischen und amerikanischen Trabrennpferden begann man die Zucht des Europäischen Renntrabers. Da in Amerika auch Paßrennen gefahren werden, gelangte dabei das Blut erfolgreicher Pacer (Paßgänger) in die europäische Zucht. Traber zeigen so oft Paß- und Töltveranlagung und werden von Freizeitreitern als Gangpferde geschätzt.

Friese

Dänemark, Deutschland, Holland

Typisch: Imponierendes, schweres Pferd mit viel Aufrichtung; stets Rappe
Kennzeichen: Schweres, dabei edles Reit- und Wagenpferd mit hochgetragenem, rundem Hals und geradem, manchmal leicht ramsigem Kopf. Starker Kötenbehang, bei Hengsten meist wellige Mähne und Schweif
Größe: Um 160 cm
Wissenswertes: Der Friese ist eine sehr alte Rasse. Schon zur Zeit des Barock begeisterte man sich für seine Begabung zur klassischen Dressur. Er wurde stets entlang der Nordseeküste gezüchtet, und die Friesen sehen in ihm einen wichtigen Bestandteil ihrer eigenen Kultur. Sie zeigten ihre „schwarzen Perlen" am liebsten vor liebevoll bemalten, zweirädrigen Kutschen. Die hohe Aktion und die energischen Bewegungen der schweren Pferde kamen hier voll zur Geltung. Heute ist der Friese ein Liebling des anspruchsvollen Freizeitreiters und -fahrers.

Hannoveraner

Deutschland (Niedersachsen)

Typisch: Hannoverscher Brand
Kennzeichen: Elegantes, meist sehr korrekt gebautes Warmblutpferd; alle Grundfarben sind vertreten
Größe: 162–175 cm
Wissenswertes: Im Jahre 1714 wurde Hannover Mitglied des Britischen Empire, da der Regent die englische Königin heiratete. Dadurch kam es in der hannoverschen Pferdezucht sehr früh zur Einkreuzung englischer Voll- und Halbblutpferde. Die Rasse eines edlen Warmblüters hatte sich insofern schon konsolidiert, als andere Zuchten mit der Veredelung begannen, und in der Folge wurden hannoversche Hengste oft selbst als Veredler herangezogen. Das Landgestüt Celle brachte bis zum Beginn der Motorisierung viele gute Wirtschafts- und Kavalleriepferde hervor und stellte später schnell und erfolgreich auf die Zucht des modernen Dressur- und Springpferdes um.

Hessisches Warmblut

Deutschland (Hessen)

Typisch: Hessenbrand
Kennzeichen: Ansprechendes Sportpferd mit gutem Fundament; alle Grundfarben
Größe: 160–170 cm
Wissenswertes: Das heutige, hessische Landgestüt Dillenburg wurde 1770 als Hofgestüt gegründet. Zunächst züchtete man schwerpunktmäßig schwere Wirtschaftspferde, meist mit Hengsten oldenburgischer und ostfriesischer Blutführung. 1962 begann man gezielt mit der Zucht moderner Reitpferde für den Dressur- und Springsport. Dazu setzte man neben den üblichen Vollblütern auch hannoversche und westfälische Hengste ein, die den Typ des Pferdes stark beeinflußten. Später griff man auf Hengste aus Holstein und Oldenburg zurück, wodurch das Pferd etwas kalibriger wurde. Heute beherbergt Dillenburg eine große Anzahl Landbeschäler, die den meist bäuerlichen Privatzüchtern zur Verfügung stehen.

Holsteiner

Deutschland (Norddeutschland)

Typisch: Kräftiges, großes Reitpferd; Holsteiner Brand
Kennzeichen: Eher kalibriges Warmblut; vorwiegend Braune in allen Schattierungen, aber auch alle anderen Grundfarben
Größe: 160–170 cm
Wissenswertes: Das Holsteiner Zuchtgebiet ist seit dem Mittelalter bekannt und wurde von den jeweiligen dänischen und norddeutschen Herrscherhäusern gefördert. Im 18. und 19. Jahrhundert schätzte man die eher schweren Pferde mit hoher Aktion in ganz Europa als Reit- und Wagenpferde. Der französische Reitmeister Guérinière rühmte ihre Begabung für die klassische Dressur. Heute züchtet man den Holsteiner allerdings ganz im Sinne des Deutschen Reitpferdes: leichter und mit Hinblick auf den Einsatz im Sport. Dabei brachte die Zucht, die vor allem in der Hand bäuerlicher Privatzüchter liegt, hervorragende Leistungspferde hervor.

Irish Hunter

Irland

Typisch: Großes, kräftiges Warmblutpferd mit sehr gutem Springvermögen
Kennzeichen: Hunter sind im Typ etwas uneinheitlich, da man sie nie auf Schönheit, sondern nur auf Einsatzfähigkeit als Jagd- und Springpferde züchtete. Sie haben aber grundsätzlich einen eher kräftigen Knochenbau und sind Gewichtsträger
Größe: Bis ca. 175 cm
Wissenswertes: *Irish Hunter* bedeutet „Irisches Jagdpferd“. Die Rasse entstand aus der Kreuzung von Vollbluthengsten mit schweren Warmblut- oder leichten Kaltblutstuten. Ziel der Zucht war immer ein besonnenes, aber arbeitsfreudiges Jagd- und Springpferd, das für die in England und Irland bis heute üblichen Jagden hinter dem lebenden Fuchs oder Hirsch gebraucht wurde. Wichtig waren also Ausdauer, Galoppier- und Springvermögen sowie Mut zum Angehen schwerster Geländehindernisse.

Knabstrupper

Dänemark

Typisch: Tigerscheckung, Krötenmaul, Ringaugen, gestreifte Hufe
Kennzeichen: Mittelschweres Warmblutpferd, oft verwechselt mit dem Appaloosa. Neuerdings züchtet man das ursprünglich eher schwere Pferd in drei Varianten: als Pony, als Quadratpferd im Westernpferdetyp und als Warmblut im Reitpferdetyp
Größe: Je nach Typ zwischen 135–165 cm
Wissenswertes: Die Stammmutter des Knabstruppers war eine andalusische Stute, die zu Beginn des 19. Jahrhunderts mit einem Frederiksborger Hengst gepaart wurde. Seitdem züchtet man den Knabstrupper praktisch als „Nebenlinie“ zum Frederiksborger. Bei der oben erwähnten neuen Züchtung nach Typen, die Sportpferde für Kinder, Westernreiter und konventionelle Turnierreiter stellen soll, werden sein Kaliber und seine eher hohe Trabaktion aber höchstwahrscheinlich verlorengehen.

Lipizzaner

Österreich, Slowenien

Typisch: Hohe Aufrichtung; kompakter Bau; meist Schimmel
Kennzeichen: Eher massiges, nicht sehr großes Pferd mit gut angesetztem, rundem Hals und oft welliger Mähne, häufig Ramskopf
Größe: 150–160 cm
Wissenswertes: Der Lipizzaner hat seinen Namen von dem 1580 gegründeten Stammgestüt Lipica im heutigen Slowenien. Die Rasse entstand aus der Vermischung der Karster Landrasse mit spanischen und neapolitanischen Pferden. Noch heute werden die kräftigen Pferde – übrigens nicht durchgehend Schimmel! – im Stammgestüt als Fahr-, Reit- und Wirtschaftspferde gezüchtet. Ein weiteres Zentrum liegt im österreichischen Landgestüt Piber, wo der Nachwuchs für den bekanntesten Einsatzort der Lipizzaner, die Spanische Hofreitschule in Wien, gezüchtet wird. Hier werden die weißen Hengste klassisch ausgebildet.

Lusitano

Portugal

Typisch: Starke Halsung, oft Ramskopf; gewellte Mähne
Kennzeichen: Mittelgroßes, edles Pferd mit starkem Hals und hoher Aufrichtung; oft Schimmel
Größe: 155–160 cm
Wissenswertes: Der portugiesische Lusitano ist ein naher Verwandter des spanischen Andalusiers. Hauptzuchtgebiet ist der Süden Portugals, die Hochburg der Stierkämpfe zu Pferde, bei denen der Lusitano heute noch eingesetzt wird. Die Ausbildung vor allem der Hengste umfaßt nahezu alle Bewegungen der klassischen Dressur. Das macht ihre Auftritte in der Arena zu einem tödlichen Tanz. Die Gänge der stolzen Iberer sind eher kurz und erhaben, ihre Aufrichtung leicht und natürlich – und meist sitzen ihre Reiter auch mit selbstverständlicher Grazie im Sattel. Hierzulande findet man die edlen Pferde vor allem bei Freizeitreitern, die der iberischen Reitweise frönen.

Maremmano

Italien

Typisch: Oft langer Ramskopf mit eher kleinen Augen
Kennzeichen: Starkes, oft etwas grobes, kurzhalsiges Pferd mit energischen Bewegungen; hauptsächlich Rappen und Dunkelbraune, seltener Schimmel und Füchse
Größe: Ca. 155 cm
Wissenswertes: Maremmanos leben noch heute halbwild im Sumpfland der Toskana. Sie gehen auf die Pferde der Etrusker zurück, die schon seit 900 vor unserer Zeitrechnung in dieser Ebene gehalten wurden. Auch Berber und andere orientalische Pferde hatten im Laufe der Zeit Einfluß auf die Rasse. Maremmanos wurden und werden vor allem von Rinderhirten bei der Arbeit eingesetzt. Sie sind wendig, robust und zuverlässig. In den letzten Jahren führt man dem Maremmano verstärkt Englisches Vollblut zu. Man wünscht sich ein etwas größeres und edleres Pferd für den konventionellen Reitsport.

Nonius

Ungarn

Typisch: Hoch aufgesetzter Hals, beim schweren Typ oft großer Kopf, auch Ramskopf
Kennzeichen: Der Nonius wird als kleiner und großer Typ gezogen, als starkknochiges Wirtschafts- und Wagenpferd und leichteres, edleres Reitpferd. Beide Typen sind meist schwarz oder dunkelbraun. Weiße Abzeichen sind unerwünscht
Größe: Kleiner Nonius 155–165 cm, großer Nonius 165–175 cm
Wissenswertes: Der Nonius verdankt seinen Namen seinem Stammvater, dem Hengst *Nonius,* der 1814 von ungarischen Kavalleristen im Gestüt Zweibrücken erbeutet wurde. Nonius stammte von einer Normänner-Stute und einem englischen Hengst. Mit ungarischen Stuten, aber auch Stuten mit Araber-, Lipizzaner- und Andalusierblut brachte er hervorragende Fohlen. Seine Nachkommen sind robust, arbeitsfreudig und vielseitig einsetzbar.

Oldenburger

Deutschland (Oldenburg)

Typisch: Oldenburger Brand
Kennzeichen: Mittelschweres Warmblutpferd; oft etwas kräftiger und runder als die anderen deutschen Warmblutrassen; meist dunkle Farben, weniger Füchse und Schimmel
Größe: 165–175 cm
Wissenswertes: Die ersten schriftlichen Aufzeichnungen über den Oldenburger stammen aus dem 15. Jahrhundert. Damals züchtete man mit altfriesischen Pferden, die mit englischen, dänischen, neapolitanischen und spanischen Hengsten gekreuzt wurden. Das ergab ein schweres, aber edles Pferd im barocken Typ. Im 19. Jahrhundert setzte man Vollblüter, Hannoveraner, Normänner und Cleveland Bays ein und erhielt ein schweres Wagen- und Wirtschaftspferd. In den letzten Jahrzehnten erfolgte aber auch beim Oldenburger die Umstellung auf den modernen Sporttyp. Er ist vor allem im Springsport erfolgreich.

Selle Français

Frankreich

Typisch: Ansprechendes Reitpferdegebäude
Kennzeichen: Typisches Warmblutpferd; alle Grundfarben vertreten
Größe: 160–170 cm
Wissenswertes: Die Pferde der Rasse Selle Français machen vor allem durch die Leistungen des Cadre Noir, einer der Spanischen Hofreitschule in Wien vergleichbaren, französischen Reitergruppe, von sich reden. Der Cadre Noir ist in Saumur angesiedelt, zeigt aber auch auf Tourneen sein Können. Die Selle Français präsentieren sich hier als ausgezeichnete Pferde für die klassische Dressur. Sie erreichen allerdings selten die hohe Aufrichtung und spezielle Ausstrahlung der barocken Pferderassen wie Andalusier und Lipizzaner.
Ansonsten bedeutet *Selle Français* nichts weiter als „Französisches Reitpferd". Ihre Grundlagen hat die Rasse im Anglo-Normänner und in Vollbluteinkreuzungen.

Shagya-Araber

Ungarn

Typisch: Edles, feuriges Pferd mit Araberausstrahlung
Kennzeichen: Großrahmiger als der Vollblutaraber; meist Schimmel
Größe: Um 155 cm
Wissenswertes: Der Shagya-Araber wird seit 1789 im ungarischen Staatsgestüt Bábolna gezüchtet. Die Donaumonarchie wünschte sich ein robustes Leistungspferd, das den Charme und die Ausdauer des Arabers mit mehr Größe und Gangvermögen verbinden sollte. An diesem Zuchtziel arbeitete man durch gezielte Selektion der Araber auf Kaliber und größeres Format, aber auch durch Einkreuzung vor allem ungarischer Stuten. Dadurch gewann man ein leistungsbereites, angenehmes Reit- und Kutschpferd. Der Shagya-Araber wird von den Araberzuchtverbänden mitbetreut und hat unter Freizeitreitern und -fahrern viele Freunde. Für Dressur und Springen eignet er sich besser als der Vollblutaraber.

Trakehner

Deutschland, Rußland, Polen

Typisch: Trakehner Brand
Kennzeichen: Edles Pferd mit typvollem Kopf, lange Ohren, oft „Schlappohren“; Grundfarben, in der polnischen Linie auch Schecken
Größe: 160–177 cm
Wissenswertes: Seit dem 13. Jahrhundert züchtete der Deutschritterorden in Ostpreußen elegante Reitpferde, indem er die bodenständige Rasse der Schweiken mit orientalischen Hengsten kreuzte. 1732 wurde dann das Gestüt Trakehnen gegründet, das hauptsächlich Kavallerieremonten, aber auch harte, verläßliche Wirtschaftspferde lieferte. Bis zum Ende des Zweiten Weltkriegs diente es zudem als Hengstdepot für die örtliche bäuerliche Pferdezucht. Beim Einmarsch der Russen in Ostpreußen rettete man in einem kräftezehrenden Treck 800 Stuten und 45 Hengste nach Westdeutschland. Auf diesem Grundstock züchtete man seitdem in Westdeutschland weiter.

Westfale

Deutschland (Westfalen)

Typisch: Westfalenbrand
Kennzeichen: Edles, leicht bis mittelschwer gebautes Warmblutpferd; alle Grundfarben
Größe: Ca. 162–172 cm
Wissenswertes: Westfalen kann eine lange Pferdezuchttradition aufweisen. Schon zur Römerzeit züchtete man hier Reit- und Fahrpferde, und in den Moor- und Waldgebieten gab es kleine, wilde Pferde. Bis zum Zweiten Weltkrieg war zudem die rheinisch-westfälische Kaltblutzucht berühmt. Die Warmblutzucht nahm erst nach dem Zweiten Weltkrieg ihren Aufschwung. Durch Einmischung von Trakehnern, Hannoveranern und Vollblütern entstand ein modernes, elegantes Reitpferd, das bestens geeignet ist für Dressur- und Springreiten. In diesen Disziplinen ist das westfälische Warmblut inzwischen das erfolgreichste Pferd der Welt. Die Zucht stellte viele Welt- und Europameister in beiden Disziplinen.

Zweibrücker

Deutschland (Rheinland-Pfalz-Saar)

Typisch: Brandzeichen von Rheinland-Pfalz-Saar
Kennzeichen: Mittelschweres Warmblutpferd; alle Grundfarben
Größe: Ca. 160–170 cm
Wissenswertes: Der Zweibrücker hat seinen Namen vom Herzogtum Zweibrükken, wo seit dem 16. Jahrhundert Pferde gezüchtet wurden. 1755 wurde das Stammgestüt gegründet, in dem man vor allem mit orientalischen Hengsten und englischen Stuten züchtete. In der Folgezeit litt das Gestüt jedoch sehr unter den Kriegswirren: In den napoleonischen Kriegen entführten die Franzosen Pferde, später, in den Befreiungskriegen, die Preußen und Österreicher. Die verbleibenden Pferde waren nicht die besten, und so gab es erst wieder einen Aufschwung, als die Bayern 1890 finanziell aushalfen. Auf Trakehner-, Hannoveraner- und Westfalenbasis züchtet man heute Freizeit- und Sportpferde.

Gangpferde

Unter der Bezeichnung *Gangpferde* faßt man alle Pferderassen zusammen, die neben Schritt, Trab und Galopp noch weitere Bewegungsvarianten zeigen. Um Art und Reiz dieser verschiedenen Gänge zu verstehen, muß man wissen, daß es neben den bekannten drei Grundgangarten noch eine weitere gibt, nämlich den Paß.
Paß ist wie Trab eine Zweitaktgangart, nur daß hier nicht das rechte Vorderbein gleichzeitig mit dem linken Hinterbein vorschwingt und umgekehrt, sondern sich jeweils die gleichseitigen Vorder- und Hinterbeine gemeinsam bewegen. Globetrotter kennen diese Bewegungsvariante vom Kamel, Hundefreunde beobachten sie oft beim eigenen Vierbeiner.
Ebenso wie im Trab wird der Reiter im Paß „geworfen", d. h., er neigt zwischen dem Auffußen zum Hochschwingen und fällt unsanft in den Sattel zurück, wenn die Pferdebeine Bodenkontakt bekommen. Diese Unbequemlichkeit fällt jeweils weg, wenn die Zweitaktgangart „gebrochen wird", wenn also zum Beispiel linkes Vorderbein und rechtes Hinterbein beim Trab oder linkes Vorderbein und linkes Hinterbein beim Paß nicht gleichzeitig auffußen, sondern kurz hintereinander. Dann übernimmt nämlich ein Bein nach dem anderen sanft das Reitergewicht wie beim Schritt.
Und wie der Schritt wird der gebrochene Trab oder Paß eine Viertaktgangart.
Man unterscheidet diese Viertaktgangarten in *Tölt (Rack), Walk, Foxtrott* und *Saddle-Gait.* Entscheidend ist der Rhythmus des Viertakts und ob das Pferd mit Einbeinstütze (Tölt) läuft oder mit Dreibeinstütze (Walk).
(Siehe dazu Seite 96).
Für allgemein interessierte Pferdefreunde ist aber in erster Linie wichtig, daß all diese Viertaktgangarten für den Reiter äußerst bequem sind. Dem Pferd sind sie angeboren, können aber durch reiterliche Einwirkung – und leider auch durch schmerzhafte Manipulationen an den Pferdebeinen – verbessert werden.
Den meisten Gangpferderassen ist ein sehr ruhiger und freundlicher Charakter zu eigen. Auf Leichtrittigkeit wurden vor allem die amerikanischen Rassen selektiert. Vom Isländer wünschte man sich dagegen stets hohes, „spritziges" Temperament. Er wird auch im Paß geritten, wobei diese Gangart nur im Renntempo erwünscht ist.

Oben: Tölt
Unten: Walk

352

Aegidienberger

Deutschland (Rheinland)

Typisch: Isländertyp; meist gerader, edler Kopf und starker Behang
Kennzeichen: Kräftiges Kleinpferd, meist eher im Typ eines größeren Isländers als in dem des Paso; alle Farben, auch Schecken vertreten
Größe: 140–150 cm
Wissenswertes: Aegidienberger sind Kreuzungsprodukte aus Isländern und Peruanischen Pasos, entstanden auf dem Gangpferdegestüt Aegidienberg bei Köln. Das „Endprodukt" soll 5/8 isländisches und 3/8 peruanisches Blut führen. Zuchtziel war, den ruhigen und umgänglichen Charakter des Isländers mit der Größe und Leichtrittigkeit des Pasos zu verbinden. Aggressive und phlegmatische Tiere wurden nicht zur Zucht zugelassen. Das Ergebnis ist ein gehwilliger, leistungsfähiger Naturtölter von ähnlicher Robustheit wie der Isländer, aber größerer Hitzetoleranz. In Deutschland sind die Aegidienberger beliebte Freizeitpferde.

American Saddle Horse

USA

Typisch: Ausdrucksvolle Bewegungen, oft hochgetragener Schweif
Kennzeichen: Sehr edles, hochelegantes Pferd mit viel Ausdruck und Aufrichtung. Die lange, seidige Mähne wird hinter den Ohren oft aus Modegründen geschoren
Größe: 150–160 cm
Wissenswertes: Das American Saddle Horse gibt es als Dreigänger mit sehr spektakulären Grundgangarten sowie als Fünfgänger. Dann kommen Arbeitstölt *Slow-Gait* und Renntölt Rack dazu. Neben dem Einsatz als Reitpferd wird der Saddler auch oft vor dem Wagen, im *Fine Harness,* gezeigt. Saddler sind nervig und hochsensibel, was durch die fordernde Reitweise ihrer Trainer noch gesteigert wird. Als Freizeitpferde brauchen sie viel Zuwendung und erfahrene Reiter. Die typische Schweifstellung rührt oft von einer „Schönheits"-Operation und monatelanger Aufstellung in Spezialgeschirren her.

Islandpferd

Island

Typisch: Deutlicher Ponytyp; rauher, meist üppiger Behang
Kennzeichen: Kräftiges Kleinpferd mit oft typischem Ponykopf, klaren Gliedmaßen und oft abfallender Kruppe. Da die Rasse immer mehr auf Gang als auf Exterieur gezüchtet wurde, ist das Aussehen mitunter uneinheitlich. Neben allen Grundfarben kommen oft ungewöhnliche Farbvarianten vor
Größe: 132 – 146 cm
Wissenswertes: Die ersten Isländer kamen in den fünfziger Jahren auf den Kontinent. Seitdem erfuhr das robuste, leichtfuttrige Kleinpferd vor allem in den deutschsprachigen Ländern eine rasche Verbreitung, wobei es zunächst als Familienpferd, dann auch als Turnierpferd eingesetzt wurde. Immer mehr Reiter finden Freude daran, ihre Pferde in den Spezialgangarten Tölt und Rennpaß turniermäßig vorzustellen. Dazu wird der Isländer zunehmend leichter und eleganter gezüchtet.

Mangalarga Marchador

Brasilien

Typisch: Edler Kopf, leicht konkave bis gerade Nasenlinie. Die Ohren zeigen aufgerichtet mit den Spitzen nach innen

Kennzeichen: Mittelgroßes, leichtes Pferd mit schrägem Halsaufsatz, mittellangem tiefem Rumpf und klaren, stark bemuskelten Beinen. Glattes, seidiges Haar

Größe: 145–155 cm

Wissenswertes: Mangalarga Marchadores sind Naturtölter, die seit dem 18. Jahrhundert besonders in der Gegend um Rio de Janeiro gezüchtet werden. Zu ihren Vorfahren gehören die portugiesische Altér-Rasse sowie Berber und Andalusier. Seit 1987 gibt es die brasilianischen Pferde auch in Europa. Mangalargas sind freundlich, aufgeschlossen, leistungsbereit und leichtrittig. Sicherer, weicher Tölt mit leichter Zügelanlehnung ist wichtiger als Geschwindigkeit. Die Pferde sind vielseitig einsetzbar und robust genug für ganzjährige Offenstallhaltung.

Missouri Foxtrotter

USA

Typisch: Kleiner, trockener Kopf, spitz zulaufende Ohren, feine Maulpartie, eher kurzer, aber starker Rücken
Kennzeichen: Waches, leichtes Pferd; kompakt und muskulös; weiches und seidiges Haar; alle Farben
Größe: 140–160 cm
Wissenswertes: Die erwünschten Gangarten beim Foxtrotter sind Schritt, Foxtrott und *Canter,* ein langsamer, rollender Galopp. Viele sind jedoch auch Mehrgänger und gehen zusätzlich Trab, Paß und/oder Tölt. Auch auf Turnieren wünscht man sich die Bewegungen des Foxtrotters nicht zu spektakulär. Wichtiger ist Bequemlichkeit. Außerdem steht ein braver und vernünftiger Charakter im Vordergrund. Die Pferde gelten als leicht auszubilden und auch von Kindern mühelos reitbar. Insofern empfehlen sich Foxtrotter als Freizeit- und Familienpferde. Als solche etablieren sie sich inzwischen auch in Europa.

Paso Fino/Paso Peruano

Kolumbien, Karibische Inseln, Peru

Typisch: Stolze Aufrichtung; „trippelnde“ Bewegungen; Bügeln
Kennzeichen: Leichte, mittelgroße Pferde, harmonisch proportioniert; trockener Kopf mit geradem oder leicht konvexem Profil; starker Behang; zarte, aber kräftige Gliedmaßen, harte, kleine Hufe; alle Farben
Größe: 140–150 cm/145–155 cm
Wissenswertes: Paso Fino und Paso Peruano sind nah verwandte Rassen, die beide schon seit Jahrhunderten gezüchtet werden. Beide sind ausdrucksvolle, leichtrittige und leichtfüßige Naturtölter. Bei ihren Bewegungen fällt das deutliche Bügeln, hier *Termino* genannt, auf. Der Tölt wird in verschiedenen, genau umrissenen Tempi geritten. Pasos werden in den Ursprungsländern auf Schauen gezeigt, in Europa ist ein Turnierwesen erst im Aufbau. Vornehmlich dienen die Südamerikaner hier als Freizeit- und Familienpferde.

Spotted Saddle Horse
USA

Typisch: Scheckung; Gangveranlagung
Kennzeichen: Buntes oder stichelhaariges Pferd, bei dem neben oder anstatt der Grundgangarten Schritt, Trab und Galopp noch eine der Viertaktgangarten Tölt (Rack), Walk, Foxtrott oder Saddle-Gait genetisch fixiert ist
Größe: Ca. 130–170 cm
Wissenswertes: *Spotted Saddle Horse* bedeutet „Geschecktes Gangpferd". Nur Scheckung und Gangveranlagung entscheiden über die Eintragung eines Fohlens als Spotted Saddle Horse. Größe und Kaliber spielen bei dieser neuen Pferderasse aus den USA keine Rolle. Die meisten Spotted Saddle Horses wurden auf der Basis der Rassen Tennessee Walker, Saddler, Missouri Foxtrotter und Racking Horse gezogen. Sie verfügen nicht nur über bequeme Gänge, sondern auch über einen ausgezeichneten Charakter und große Nervenstärke.

Tennessee Walking Horse

USA

Typisch: Kopfnicken im Rhythmus der Bewegung
Kennzeichen: Lange, seidige Mähne; eher langer, schmaler Kopf mit ruhigem, freundlichem Ausdruck; alle Farben, auch Schecken und Stichelhaarvarianten
Größe: 140–170 cm
Wissenswertes: Das Charakteristische am Walker ist sein ungewöhnliches Gangwerk. Nur darauf wurde er gezüchtet, und sein Erscheinungsbild ist deshalb sehr unterschiedlich. Es gibt zierliche Kleinpferde, mittelgroße, mehr oder weniger kalibrige Pferde und sogar Großpferde im Vollblut- oder Warmbluttyp. Schon dem Fohlen sieht man seine Rasse jedoch unschwer an, sobald es sich bewegt, denn selbst die Kleinsten nähern sich mit nickenden Köpfchen im *Flat-Walk,* statt anzutraben. Gangmanipulationen, wie in Amerika üblich, dienen deshalb nur fraglichen Schönheitsidealen und müssen nicht sein.

Westernpferde

Kleine, drahtige und zum Teil sogar bunt gescheckte Pferde unter Westernsätteln, dazu Reiter mit Westernstiefeln und Cowboyhut – bis vor wenigen Jahren kannte man diesen Anblick nur aus Spielfilmen. Die reiterlichen Leistungen der Schauspieler waren eher bescheiden.
Viele Reiter und Pferdefreunde hielten Westernreiten folglich für nichts anderes, als Pferde mit scharfen Zäumungen und langen Sporen zu traktieren. Tatsächlich ist die amerikanische Reitweise jedoch eine ernstzunehmende Alternative zum konventionellen Reitsport. Letztlich fordert auch sie einen guten Sitz und gekonnte Zügelführung von seiten des Reiters, eine möglichst perfekte Gymnastizierung des Pferdes und damit pferdeschonendes Reiten.

Es gibt mannigfaltige Turnierklassen, in denen Reiter und Pferde ihr Können bezüglich Rittigkeit und Geschicklichkeit zeigen können. Selbst die Zusammenarbeit von Reiter und Pferd beim Zusammentreiben von Rindern kann auf größeren Turnieren bewundert werden.
In vieler Hinsicht ist die Westernreitweise für Reiter und Pferd leichter zu erlernen und streßfreier zu betreiben als etwa die klassische Dres-

Linke Seite: Beim Cutting wird ein Rind durch das Pferd von der Herde abgetrennt

Unten: Reining – die Dressurdisziplin im Westernreiten

Ganz unten: Im Trail zeigen Reiter und Pferd ihre Geschicklichkeit

sur. So wird zum Beispiel bei der Ausbildung und bei der Zuchtauswahl des Westernpferdes besonderer Wert auf Gelassenheit und Scheufreiheit gelegt, Eigenschaften, die moderne Freizeitreiter sehr zu schätzen wissen. Der

dazu passende Pferdetyp *(Stock-Typ)* ist zudem kleiner als die meisten Warmblüter, handlicher, robuster und leichtfuttriger. So hielten neben der Westernreitweise denn auch die entsprechenden amerikanischen Pferderassen Einzug in Europa. Man sieht sie meist in artgerechter Haltung, also auf Weiden oder in Offenställen und *Paddocks.* Von Gestüten und Privatleuten werden Westernpferderassen in vielen Ländern Europas sehr erfolgreich nachgezüchtet.

Appaloosa
USA

Typisch: Tigerscheckung in verschiedenen Mustervarianten (Volltiger, Schabrackentiger); Krötenmaul; quergestreifte Hufe und ein weißer Ring um den farbigen Teil des Auges *(Ringaugen* oder *Menschenaugen)*
Kennzeichen: Kräftiges Quadratpferd mit kleinem, edlen Kopf und starker Hinterhand
Größe: 145–165 cm
Wissenswertes: Der Appaloosa geht auf die Farbpferdezucht der Nez-Percé-Indianer zurück. Seinen Namen erhielt er von den weißen Siedlern in der Palouse, einer Region im östlichen Washington und nördlichen Idaho. 1877, nach dem Krieg gegen die Nez Percé, wurden die Pferde ihren indianischen Besitzern abgenommen. Erst seit 1938 werden sie wieder planmäßig gezüchtet. Es sind vielseitige Pferde von angenehmem Temperament, meist western geritten, aber auch bewährt in der Dressur, auf Wander- und Distanzritten und bei Rennen.

Criollo

Argentinien

Typisch: Muskulöser Bau; meist mausgrau oder falb
Kennzeichen: Kompaktes, kleines Pferd; meist in verschiedenen Falbvarianten, auch Schecken kommen vor
Größe: 140–145 cm
Wissenswertes: Der Criollo geht auf die ersten Pferde spanischer Herkunft zurück, die Kolumbus nach Südamerika brachte. Auch Andalusier und Berber waren unter den Vorfahren dieser Rasse, deren Vertreter heute noch eine große Rolle in der argentinischen Wirtschaft spielen. Besonders in den Gebirgsregionen und bei der Arbeit mit den Rindern sind Criollos unentbehrlich. Ursprünglich lebte der Criollo wild in der Pampa und hatte unter rauhen Wintern und trockenen Sommern zu leiden. Nur die stärksten Pferde überlebten die Wasserknappheit und unzureichende Ernährung. Auf diese Weise entstand ein besonders zähes und ausdauerndes Pferd, geduldig und langlebig.

Morgan Horse

USA

Typisch: Freundlicher Ausdruck; kräftiger, stolz getragener Hals; reiches Langhaar
Kennzeichen: Muskulöses kleines Pferd, harmonisch gebaut
Größe: Ca. 155 cm
Wissenswertes: Die Rasse Morgan geht auf einen einzigen Stammhengst zurück, der um 1789 einem Wirt namens Justin Morgan zur Begleichung von Schulden übergeben wurde. Das Pferd wechselte mehrfach den Besitzer, tat zeitlebens schwerste Arbeit und deckte am Abend gegen geringe Gebühr alle möglichen Stuten. Seinen Kindern vererbte es Härte und Belastbarkeit. Sie bewährten sich als Rennpferde, Fahrpferde und Kavalleriepferde. In den USA stellen Morgans einen Großteil der Pferde der berittenen Polizei und der Ranger in den Nationalparks. Ihr sanftes Wesen und ihre Leistungsbereitschaft machen sie auch zu verläßlichen Partnern bei der Reittherapie.

Paint Horse

USA

Typisch: Scheckung; starke Hinterhand
Kennzeichen: Athletisches, sehr gut bemuskeltes Pferd mit kleinem Keilkopf. Man unterscheidet die Schecken in Tobianos und Overos. Erstere sind meist großflächig gescheckt, die Scheckung zeigt ruhige Konturen, die Beine sind meist weiß. Overos zeigen ein überwiegend weißes Gesicht, eine geflammte, unruhige Scheckung, und wenigstens ein Bein ist farbig
Größe: Um 150 cm
Wissenswertes: Paint Horses sind gescheckte Quarter Horses. Ihre Zucht geht auf die Initiative einiger Quarter-Horse-Züchter zurück, die nicht einsehen wollten, daß ihre gescheckten Fohlen vom Quarter-Horse-Verband nicht eingetragen wurden. Nun besteht das Paint-Stutbuch neben dem des Quarters, und die Kreuzung der „Rassen" untereinander ist erlaubt. Paints finden meist im Westernsport Verwendung.

Pinto
USA

Typisch: Scheckfärbung
Kennzeichen: Streng genommen ist *Pinto* keine Rassenbezeichnung. Auf deutsch heißt es einfach „Schecke"; in das Pinto-Stutbuch wird jedes Pferd aufgenommen, das eine Scheckung aufweist. Das Erscheinungsbild des Pintos ist also höchst unterschiedlich. Es variiert vom eleganten Kleinpferd bis hin zum Großpferd im Warmbluttyp
Größe: Ca. 130–170 cm, in deutschsprachigen Ländern vorwiegend Kleinpferde
Wissenswertes: In den USA teilt man Pintos in verschiedene Typen ein. Der Stock-Typ umfaßt Westernpferde, meist auf Paint-Horse-Basis gezogen, der Pleasure-Typ ähnelt dem Araber, der Hunter-Typ dem Warmblut, und das Pinto-Pony soll Reitponypoints aufweisen. In den letzten Jahren finden Pintos auch in Europa immer mehr Liebhaber, und die meisten Zuchtverbände haben Stutbücher für die Schecken eröffnet.

Quarter Horse
USA

Typisch: Athletischer Bau, kleiner Keilkopf, breite Stirn
Kennzeichen: Sehr gut bemuskeltes Pferd mit auffallend starker Hinterhand. Alle Grundfarben, keine Schecken
Größe: um 150 cm
Wissenswertes: Das Quarter Horse entstand in der amerikanischen Kolonialzeit. Es verdankt seinen Namen den damals beliebten Rennen über die Viertelmeile – einmal durch die Hauptstraße des Städtchens. Das vielseitige Pferd bewährte sich auf dem Viehtrieb und bei der Arbeit mit den Rindern. Berühmt ist vor allem seine katzenhafte Wendigkeit und sein *Cow-Sense,* die Fähigkeit und Bereitschaft zur Mitarbeit beim Aussondern und Einfangen der Rinder. Heute ist der Quarter das beliebteste Freizeitpferd der Welt. In den USA wird er von vielen Pferdefreunden hinterm Haus gehalten. In Europa schätzen ihn vor allem Westernreiter.

Kleinpferde

Jedes Pferd unter 148 cm Wideristhöhe ist ein Kleinpferd. Die Größenbeschränkung ergibt sich aus englischen, in *Fuß* angegebenen Maßen. Die Bezeichnung *Kleinpferd* hat zur Zufriedenheit aller Pferdekenner das früher übliche Wort *Pony* abgelöst, denn dieser Begriff wird der Rassenvielfalt im Kleinpferdebereich nicht gerecht. Die meisten Menschen denken bei dem Wort *Pony* nach wie vor an Shetlandponys: sehr klein, rundlich und reine Kinderreitpferde. Tatsächlich gehört das Shetlandpony aber an den äußeren Rand der großen Skala von Kleinpferderassen. Die robusten Winzlinge sind nach den argentinischen Exoten der Falabella-Rasse die kleinsten Pferde der Welt. Das durchschnittliche Kleinpferd liegt im Größenbereich zwischen 130 und 140 cm Widerristhöhe, und ob es nur für Kinder oder auch für leichte und mittelschwere Erwachsene geeignet ist, hängt weniger von der Größe als vom Kaliber ab. Das Kaliber, also die Schwere und Belastbarkeit des Knochenbaus, ist wiederum rasseabhängig. Die meisten bodenständigen, oft jahrhundertelang relativ rein gezüchteten Kleinpferderassen sind kompakt und kräftig genug, um auch schwere Erwachsene zu tragen. Ursprünglich züchtete man kleine Pferde nämlich nicht als Sportpferde für Kinder, sondern weil sie wendiger, geländegängiger, robuster und leichtfuttriger waren als ihre größeren Verwandten. Besonders in gebirgigen Gegenden mit ungünstigen Wetterbedingungen entstanden dadurch leistungsfähige Kleinpferde, wie etwa der Haflinger, das Fjordpferd und der Isländer. Sie sind heute ideale Freizeitpferde, weil sie Robustheit und Vielseitigkeit mit meist sehr gutem Charakter verbinden.
Erst im Verlauf des letzten Jahrhunderts begann man in England mit der gezielten Zucht von Reit- und Jagdpferden für die Kinder der Oberschicht. Neben den vielen bodenständigen Ponyrassen der Insel entstand durch Einkreuzung orientalischer Pferde das British Riding Pony, an dessen Zucht sich heute auch das Deutsche Reitpony orientiert.
Wichtigstes Auswahlkriterium ist Dressur- und Springveranlagung und damit die Eignung für den Turniersport. Diesen Ponys fehlt es trotz ihrer Größe von oft über 140 cm häufg an Fundament und Kaliber, um Erwachsene zu tragen. Kinder dagegen sind mit ihrem überschäumenden Temperament mitunter überfordert. Bei der Auswahl ei-

Oben: Die hübschen Fjordpferde haben viele Freunde unter den Freizeitreitern

Links: Für Kinder sind die freundlichen und gutmütigen „Kleinen" ideale Freizeitpferde

nes Kleinpferdes sollte deshalb nicht nur auf Schönheit und Turniereignung, sondern vor allem auf vielfältige Einsatzmöglichkeiten, Robustheit und Charakter geachtet werden. Zum Glück ist die Rassenvielfalt so groß, daß für jeden Geschmack und jede Reitweise etwas dabei ist.

Bosnisches Gebirgspferd

Bosnien

Typisch: Dunkle Farben; selten Abzeichen
Kennzeichen: Mittelschweres Kleinpferd mit meist kleinem, edlem Kopf; braun bis dunkelbraun; auch Füchse, Schimmel und Rappen
Größe: 128 – 148 cm
Wissenswertes: Das Bosnische Gebirgspferd (Bosniake) wurde vor dem jugoslawischen Bürgerkrieg vor allem in Bosnien-Herzegowina gezüchtet. Es verdankt seinen leichten und doch kräftigen Bau Arabereinkreuzungen im letzten Jahrhundert, seine Belastbarkeit und seinen freundlichen Charakter bodenständigen Stuten. Die Pferde dienten im Ursprungsland als Arbeits- und Reitpferde. Als solche werden sie bis heute vom Militär geschätzt. Im jugoslawischen Bürgerkrieg kamen Tausende von ihnen um. Seit den sechziger Jahren gibt es die Rasse auch in den deutschsprachigen Ländern. Bosniaken sind ideale Freizeit-, Distanz- und Wanderreitpferde.

Camarguepferd

Südfrankreich

Typisch: Schimmel; hohe Aufrichtung; oft gewellte Mähne
Kennzeichen: Oft im Typ des Lipizzaners oder Andalusiers stehendes, kräftiges Kleinpferd, in der Regel Quadratpferd. Bei Hengsten fällt das dichte Langhaar häufig gewellt aus, bei Stuten ist es meist glatt
Größe: 135–145 cm
Wissenswertes: Camarguepferde kommen aus dem südfranzösischen Pferde- und Rinderzuchtgebiet der Camargue. Sie sind die klassischen Pferde der Rinderhirten. Dank ihrer Robustheit und Wendigkeit stehen sie bei der Arbeit mit den Kampfstieren dem amerikanischen Westernpferd und dem Andalusier nicht nach. Ansonsten haben sie sich hauptsächlich als Wander- und Distanzpferde sowie als Freizeit- und Familienpferde beliebt gemacht. Auch für Reiterspiele und für die klassisch-iberische Reitweise eignet sich das Camarguepferd in ganz besonderem Maße.

Connemara
Irland

Typisch: Rechteckform; Reitpferdetyp
Kennzeichen: Elegantes Pony mit gutem Fundament, ausdrucksvollem Kopf und guter Sattellage; überwiegend Schimmel- und Falbfarben, auch Rappen und Braune; Füchse sind selten
Größe: 140–146 cm
Wissenswertes: Der Connemara stammt aus der gleichnamigen Hügel- und Steinlandschaft an der Atlantikküste Westirlands. Durch die jahrhundertelange, natürliche Zuchtauswahl auf den kargen, von Geröll übersäten Hängen entstand ein hartes, wendiges, trittsicheres und vor allem springfreudiges Pony. Hinzu kommen ein hervorragender Charakter und ein angenehmes Temperament. All das macht den Connemara zu einem idealen Reit- und Turnierpony. Selbst im großen Springsport finden sich Vertreter dieser Rasse. In Großbritannien setzt man Connemaras auch gern als Jagdpferde ein.

Dartmoor Pony

England

Typisch: Wildfärbung, torfbraun, braun und schwarz; weiße Abzeichen unerwünscht
Kennzeichen: Kleines, elegantes Pony mit edlem Kopf, kräftigem, hochangesetztem Hals und starkem Rücken
Größe: 110–125 cm
Wissenswertes: Dartmoor Ponys kommen aus dem gleichnamigen Moorgebiet in Südwestengland. Sie leben dort heute noch in wilden und halbwilden Herden, und so manches englische Kind reitet ein Pony, das in Freiheit geboren und dann eingefangen und zugeritten wurde. Dartmoor Ponys bewähren sich hervorragend als Kinderponys, wenn sie sachkundig aufgezogen und ausgebildet wurden. Sie sind langmütig und ausgeglichen, aber auch robust, schnell und ausdauernd. Ihre guten Grundgangarten machen sie zum ersten Turnierpony geeignet.
Seit einigen Jahren züchtet man sie auch auf dem Kontinent.

Deutsches Reitpony (DRP)
Deutschland

Typisch: Warmblüter „im Kleinformat"
Kennzeichen: Elegantes Kleinpferd, das in seinen Proportionen dem großen Warmblüter möglichst ähnlich sein soll. Häufig sehr edle, araberartige Typen. Alle Grundfarben, selten Schekken
Größe: 130–148 cm
Wissenswertes: Das Deutsche Reitpony ist ein Kreuzungsprodukt. In den sechziger Jahren begann man, bodenständige, robuste Rassen mit Arabern zu kreuzen, um ein gefälliges Turnierpferd für Kinder zu erhalten. Vorbild der Zucht war das British Riding Pony, auf dem englische Kinder seit Jahrzehnten reiten lernten. Ergebnis war ein meist sehr temperamentvolles Pferdchen, bei dem viel Wert auf gute Grundgangarten und Springvermögen gelegt wird. Etwas kalibrigere Exemplare werden inzwischen auch von Freizeit- und Distanzreitern geschätzt.

Dülmener

Deutschland (Westfalen, Merfelder Bruch)

Typisch: Wildfärbung, besonders häufig sind Graufalben, Aalstrich und Zebrierung
Kennzeichen: Mittelschweres Kleinpferd, dem man seine Abstammung vom Huzulen und Konik noch deutlich ansieht; mausgrau bis gelbbraun, dunkel bis schwarzbraun ohne Abzeichen
Größe: 125–135 cm
Wissenswertes: Dülmener Wildpferde leben seit Jahrhunderten frei im Merfelder Bruch, einer umfriedeten Wildbahn im Besitz des Herzogs von Croy. In der Regel besteht hier eine Herde von 250 bis 300 Stuten und Fohlen, der alljährlich ein ausgesuchter Zuchthengst der Rassen Huzule, Exmoor oder Konik beigesellt wird. In den letzten Jahren werden auch gekörte Dülmener Hengste aufgestellt. Einmal im Jahr fängt man die Jährlingshengste aus der Herde und versteigert sie. Sorgfältig aufgezogen werden sie zu guten Freizeitpferden für Kinder und Erwachsene.

Exmoor Pony

Großbritannien

Typisch: Dunkeltorfbraunes bis hellbraunes Fell mit Mehlmaul, hellberandeten Augen und Aufhellungen unter dem Bauch und an den Innenseiten der Gliedmaßen
Kennzeichen: Harmonisch gebautes, mittelschweres Pony mit üppigem Langhaar
Größe: 120–130 cm
Wissenswertes: Seit vorchristlicher Zeit lebt das Exmoor Pony in den Hochmoorgebieten des Südwestens Englands. Die Rasse blieb wahrscheinlich seit der Eiszeit nahezu rein erhalten. Dem rauhen Klima in ihrer Heimat verdankt sie Widerstandskraft und Leichtfuttrigkeit. Die Ponys verfügen über ein gutes Temperament und viel Gang- und Springvermögen. In England sind sie als Kinderponys sehr beliebt. Leider existieren heute nur noch wenige Exmoor Ponys in Freiheit. Schaf- und Rinderzüchter sehen sie als Weidekonkurrenten, und Touristenbesuche beeinflussen ihr natürliches Verhalten.

Fjordpferd
Norwegen

Typisch: Falbfarbe, Stehmähne, Aalstrich
Kennzeichen: Stämmiges Kleinpferd mit oft starkem Hals und kräftigen Gliedmaßen; ausschließlich Falben. Die meisten Fjordings tragen eine rassetypische Frisur mit Stehmähne, bei der das helle Außenhaar und das dunkle Innenhaar der Mähne effektvoll zum Ausdruck kommen. Viele Freizeitreiter lassen das üppige Langhaar ihrer Pferde aber auch sprießen
Größe: 135–145 cm

Wissenswertes: Das Fjordpferd stammt aus Westnorwegen und diente dort als robustes Zug- und Lastpferd. Als Arbeitspferde kamen die ersten Fjordings nach dem Zweiten Weltkrieg in die deutschsprachigen Länder. Als sie dann durch Maschinen ersetzt wurden, fanden sie Freunde unter den Freizeitreitern. Durch vorsichtige Veredelung wandelten sich die gutmütigen Falben zu angenehmen Reit- und Fahrpferden.

Haflinger/Arabo-Haflinger

Österreich, Süddeutschland

Typisch: Fuchsfarbe und helle Mähne und Schweif; oft Abzeichen am Kopf
Kennzeichen: Der Haflinger alten Typs war ein kräftiges Kleinpferd mit Kaltblutproportionen. Heute züchtet man das ursprüngliche Gebirgspferd aber leichter und eleganter. Oft wurden zur Veredelung Araber eingekreuzt. Die direkten Produkte solcher Züchtungen nennt man **Arabo-Haflinger.**
Größe: 140–148 cm
Wissenswertes: Haflinger haben ihren Namen von dem Dorf Hafling bei Meran. Ursprünglich dienten sie als Lasttiere im Gebirge und als Arbeitspferde im bäuerlichen Bereich. Heute haben sie sich jedoch ihren Platz als Freizeitpferde erobert. Sie haben meist einen freundlichen Charakter und sind als Reit- und Fahrpferde vielseitig einsetzbar. Haflinger sind ideale Familienpferde. Sie werden inzwischen in vielen europäischen und außereuropäischen Ländern gezüchtet.

Highland Pony

Schottland

Typisch: Gedrungener Bau; seidiges Mähnen- und Schweifhaar, meist Aalstrich, keine großen Abzeichen
Kennzeichen: Schweres Kleinpferd; verschiedenste Farbvariationen von Graubraun bis Schwarz, alle Schimmelvarianten und gelegentlich Kastanienbraun mit Silbermähne
Größe: 138–148 cm
Wissenswertes: Uralte, schon von den Kelten gezüchtete Pferderasse, die in England und Schottland viele Freunde hat. Der Zuchtschwerpunkt liegt im Osten Schottlands. Ursprünglich nutzte man Highlands als Arbeitspferde im Gebirge und ritt sie auf der Rotwildjagd, bei der vom Pferd aus geschossen wurde. Das Highland Pony trug die Jagdbeute anschließend mühelos nach Hause – obwohl ein Hirsch bis zu 240 Pfund wiegen konnte! Highlands sind freundliche, gutmütige Familienpferde, leichtfuttrig und wetterfest.

Huzule

Slowakei, Polen

Typisch: Grobknochig; meist falb oder braun, oft mit Aalstrich, Füchse kommen vor

Kennzeichen: Dem Wildtyp ähnelndes Kleinpferd mit trockenen Sehnen und Gelenken

Größe: 140–145 cm

Wissenswertes: Der Huzule kann seinen Vorfahren, den Tarpan, nicht verleugnen. Er ist ein klassisches Gebirgspferd, ursprünglich angesiedelt im Karpatenbogen zwischen Slowakei und Rumänien. Die große Trittsicherheit und Ausdauer der Pferde machte sie zu idealen Zug- und Saumtieren. Auch ihr ruhiges Temperament und ihr umgänglicher Charakter trugen dazu bei.

Wie alle Robustrassen ist der Huzule „wetterfest", ein guter Futterverwerter und verfügt über außergewöhnlich feste Hufe. Zum Dressur- und Springpferd ist er weniger geeignet, bewährt sich aber als Wander- und Distanzpferd, vor allem in bergigen Gebieten.

Konik

Polen

Typisch: Mausgrau in allen Schattierungen, dunkle Mähne, meist Aalstrich und „Zebrastreifen" an den Beinen
Kennzeichen: Sehr im Wildtyp stehendes Pony mit kleinem, ausdrucksvollem Kopf, kurzem Hals und mittelschwerem Bau
Größe: 130–140 cm
Wissenswertes: Koniks sind Nachfahren des Tarpans und zoologisch als Unterart dieser echten Wildpferde anerkannt, die gegen Ende des 19. Jahrhunderts ausstarben. Sie werden heute in Polen systematisch gezüchtet und bewähren sich als eisenharte und keineswegs temperamentlose Arbeits- und Reitpferde. Ihre Belastbarkeit und Ausdauer macht sie zu besonders guten Wanderreitpferden. Auch kleinere Distanzritte meistern sie freudig. Zuchttiere werden heute oft Leistungsprüfungen im Gelände und in Dressur und Springen unterworfen und bewähren sich dabei recht gut.

Lewitzer Pony

Deutschland (Mecklenburg)

Typisch: Geschecktes Kleinpferd, auch Tigerschecken, einfarbige Tiere eher selten
Kennzeichen: Im Erscheinungsbild sind die Lewitzer unterschiedlich, da sie in vier verschiedenen Typen gezüchtet werden. Es gibt kleine, leichte Kinderponys, elegante Reitponys und kalibrigere Exemplare. Ihren Araber- und Trakehnerahnen verdanken sie edle, trockene Köpfe und ein gutes Reitpferdegebäude
Größe: 115–148 cm

Wissenswertes: Lewitzer Schecken werden seit 1971 im Landstrich Lewitz in Mecklenburg systematisch gezüchtet. Es gibt sie in vier Kategorien, vom umgänglichen Kinderpony über verschieden große, edle Reitponys bis zum etwas schwereren Wirtschaftstyp. Die Rasse entstand durch die Kreuzung urwüchsiger Ponystuten mit Araber- und Trakehnerhengsten. Die Ponys sind robust und zeigen schöne Bewegungen.

Mérens

Frankreich, Pyrenäen

Typisch: Rappe; edle Haltung
Kennzeichen: Kleines, kompaktes Pferd; hohe Aufrichtung; starker Behang; stets schwarz, leicht rötliche Flanken werden geschätzt
Größe: 135–148 cm
Wissenswertes: Der Mérens gehört zu den ältesten Ponyrassen Europas. Er stammt aus dem Ariège-Tal in den Pyrenäen zwischen Frankreich und Spanien und wird dort seit Jahrhunderten halbwild gehalten. In ihrer Heimat dienten die Mérens-Ponys als Militär- und Arbeitspferde und trugen auch Schmuggelware zwischen Andorra, Frankreich und Spanien hin und her. Eine gewisse Berühmtheit erlangten sie, als sie Napoleons Artillerie nach seinem gescheiterten Rußlandfeldzug allen Wetter- und Geländeunbilden zum Trotz sicher heimbrachten. Heute bewähren sich die „kleinen Schatten“, wie die Bergbauern sie liebevoll nannten, als arbeitsfreudige, vielseitige Freizeitpferde.

New Forest Pony

Großbritannien

Typisch: Braun; muskulös; ausdrucksvoller Kopf mit großen, freundlichen Augen
Kennzeichen: Mittelschweres, deutlich im Ponytyp stehendes Kleinpferd, häufig braun, aber auch alle anderen Farben außer Schecken
Größe: 135–148 cm
Wissenswertes: Die Urheimat dieser ausgeglichenen, unkomplizierten Ponyrasse ist der New Forest im Süden Englands. Die Ponys leben hier immer noch in relativer Freiheit. Im Ursprungsland nutzte man New Forest Ponys schon immer als Reitpferde für Kinder und als Fahrponys. Größere Exemplare finden auch als Freizeitpferde für Erwachsene Verwendung. Die Pferde zeigen raumgreifende Bewegungen und bestechen durch ihren freundlichen Charakter und ihr angenehmes Temperament. Sie sind zuverlässig und lernfreudig. Seit einiger Zeit züchtet man sie auch in Deutschland und anderen europäischen Ländern.

Pottok

Frankreich

Typisch: Feine, klare Beine, starker Fesselbehang; üppige Mähne, im Winter starke Behaarung unter den Ganaschen
Kennzeichen: Mittelschweres Gebirgspony; oft leicht konkaver Kopf. Dunkle Farben dominieren, Füchse und Schecken sind selten
Größe: 115–147 cm
Wissenswertes: Pottok-Ponys – der baskische Name bedeutet „Kleines Pferd" – leben im Baskenland im Südwesten Frankreichs wild in den Bergen. Bis vor relativ kurzer Zeit wußten die baskischen Bauern nicht einmal, wie viele Tiere sie eigentlich besaßen. Seit einigen Jahren wird aber ein Stutbuch geführt. Die Pottok-Ponys sind leicht zu erziehen und menschenfreundlich. Sie sind klug, ausdauernd und trittsicher, was sie besonders als Wanderreitpferde geeignet macht. In Frankreich und den angrenzenden Ländern sind sie verbreitet und sehr beliebt.

Shetlandpony

Shetlandinseln

Typisch: Oft kurzbeinig; pfiffiger Gesichtsausdruck
Kennzeichen: Kleines, gedrungenes Pony mit kräftigem Gebäude und meist üppigem Behang; oft rundlich aufgrund hervorragender Futterverwertung; alle Farben, auch Schecken und Tigerschecken
Größe: 87–107 cm; „Minishettys" bis 86 cm
Wissenswertes: Uralte Rasse, deren Vertreter auf den Shetlandinseln und den benachbarten Inselgruppen als Pack- und Zugtiere genutzt wurden. Heute dienen sie hauptsächlich als Kinderponys und wechseln oft leider als bessere „Spielzeuge" den Besitzer. Dabei sind Shetlandponys nicht nur kräftig und robust, sondern verfügen meist auch über einen starken Charakter. Sie benötigen eine klare Erziehung durch kundige Erwachsene und regelmäßige Bewegung. Richtig behandelt sind sie großartige Fahrponys und lebhafte Reitpferde für Kinder.

Tarpan

Polen, ursprünglich auch Mittel- und Südrußland

Typisch: Graufalbes Fell und Stehmähne; Aalstrich, Zebrierung an dunklen Gliedmaßen, aufhellendes Winterfell
Kennzeichen: Grobknochige, stets falbe Pferde. Man findet Tarpans meist in Zoos, als Freizeitpferde sind sie nicht verbreitet
Größe: Um 130 cm
Wissenswertes: Der eigentliche Tarpan, das nacheiszeitliche, europäische Wildpferd, ist seit Ende des letzten Jahrhunderts ausgestorben. Die polnischen und russischen Bauern, in deren Nachbarschaft er lebte, verfolgten ihn, weil er ihren freilebenden Hauspferdherden Konkurrenz machte. Man versuchte allerdings bald, ihn auf der Basis von Konikstuten zurückzuzüchten. Auch heute noch gibt es in polnischen Moorgebieten freilebende Herden, mit denen man das Erscheinungsbild der Wildpferde zu erhalten versucht. Die Ergebnisse dieser Rückzüchtungen findet man oft in unseren Zoos.

Welsh Mountain Pony

Großbritannien (Wales)

Typisch: Kleines Pony von großem Adel; oft Schimmel
Kennzeichen: Kleiner, trockener Kopf mit großen Augen, breiter Stirn und kleinen Ohren. Kräftiger, muskulöser Körperbau; alle Grundfarben
Größe: 110–122 cm
Wissenswertes: Das Welsh Mountain Pony hat mehr als tausend Jahre im Bergland von Wales gelebt. Es gelangte so zu Robustheit und Anspruchslosigkeit. Hinzu kommen ein unkomplizierter, umgänglicher Charakter und ein für kleine Ponys einzigartig raumgreifender und energischer Bewegungsablauf. Das macht Welsh Mountain Ponys zu hervorragenden Reitponys für kleine Kinder. Auch sie sind jedoch keine Spielzeuge! Reitunterricht und fundierte Ausbildung des Ponys müssen gegeben sein, damit die kleinen Reiter mit den lebhaften Ponys zurechtkommen. Welsh Mountain Ponys bewähren sich auch als anspruchsvolle Fahrpferde.

Welsh Pony

Großbritannien (Wales)

Typisch: Leichtes, elegantes Reitpony mit viel Ausdruck und edlem Kopf
Kennzeichen: Gut aufgesetzter Hals und gute Sattellage; alle Farben außer Schecken
Größe: Im Ursprungsland soll das Welsh Pony nicht über 137 cm messen. Auf dem Kontinent züchtet man das von Erscheinung und Abstammung übereinstimmende Welsh Partbred bis zu einer Größe von 148 cm
Wissenswertes: Das Welsh Pony bzw. Welsh Partbred ist ein Kreuzungsprodukt aus Welsh Mountain Ponys und größeren Reitponys. Man wollte ein ansprechendes, leistungsbereites Reit- und Turnierpony für Kinder züchten, das deutlich im Welsh Typ steht und möglichst auch die charakterlichen Vorteile der Ursprungsrasse beibehält. Das Welsh Partbred Pony zeigt elegante, schwungvolle Grundgangarten und ein sehr gutes Springvermögen. Es ist in allen Reitsportdisziplinen erfolgreich.

Welsh Cob

Großbritannien (Wales)

Typisch: Kleiner Kopf bei kräftigem, muskulösem Körperbau; langer, oft welliger Behang
Kennzeichen: Kleines Pferd mit hoher Aufrichtung und viel Ausdruck; edler Kopf und kräftige Hinterhand; alle Grundfarben, Braune und Rappen dominieren
Größe: 137–150 cm
Wissenswertes: Der Welsh Cob ist eine sehr alte Pferderasse. Schon vor 700 Jahren beschrieb man ihn als starkes Arbeitspferd, das sich aber auch sonntags vor dem Wagen bewährte und bei Trabrennen ebenso einzusetzen war wie bei der Herbstjagd: das spätmittelalterliche Familienpferd schlechthin! Heute ist das leichtfuttrige, nervenstarke und doch temperamentvolle Kleinpferd vor allem als Fahr- und Freizeitreitpferd beliebt. Sein barokker Körperbau, seine Lernwilligkeit und Wendigkeit trotz Masse machen es zu einem erstklassigen Dressur- und Westernpferd.

Fachausdrücke

Aalstrich – Langer, dunkler Strich, der von der Mähne entlang der Wirbelsäule bis zum Schweif führt
Aufrichtung – Als Ergebnis guten Dressurreitens wird der Hals des Pferdes bei leicht angewinkeltem Kopf aufrecht getragen. Manche Pferderassen oder -individuen bringen von Natur aus eine Neigung zu dieser Haltung mit: Sie haben einen hohen Halsaufsatz (natürliche Aufrichtung)
Barocker Pferdetyp – Pferdetyp, der vor allem zu Zeiten des Barock geschätzt wurde und sich gut für die klassische Dressur eignet (z.B. Lipizzaner, Andalusier, Friesen)
Beschäler – Zuchthengst mit staatlicher Deckerlaubnis
Bügeln – Auswärtsgreifen der Vordergliedmaßen beim Trab oder Tölt. Bei einigen Pferderassen, z.B. Pasos und Andalusiern, rassetypisch
Exterieur – Körperbau
Format – Verhältnis der Rumpflänge zur Widerristhöhe. Je nachdem, ob man um Rücken und Beine ein Rechteck oder ein Quadrat zeichnen könnte, spricht man vom „Rechteck"- oder „Quadratformat" des Pferdes
Hechtkopf – Stark konkav geformte Kopflinie („Araberknick")
Kaliber – Schwere des Knochenbaus (Verhältnis von Gewicht zu Widerristhöhe)
Kötenbehang – Längere Behaarung an der Rückseite von Fesselkopf und Röhrbein (siehe Zeichnung „Körperbau" auf Seite 1)
Krötenmaul – Pferdemaul mit pigmentlosen, rosa Flecken um Maul und Nüstern
Paddock – Auslauf, in dem Pferde sich frei bewegen können
Points – Einzelheiten des Körperbaus
Ponytyp – Die meisten urwüchsigen Ponyrassen zeigen typische Merkmale: kompakter, runder Körperbau, kleiner ausdrucksvoller Kopf mit großen Augen und wachem Ausdruck, starker Mähnen- und Schweifwuchs. Von solch einem Pferd sagt man, es stände „im Ponytyp", auch wenn es vielleicht einer Kaltblutrasse angehört
Ramskopf – Stark konvex geformte Kopflinie
Reinzucht – Langjährige Zucht ohne Einkreuzung anderer Pferderassen
Ringaugen – Augen mit weißem Ring um farbigen Teil
Schlag – Pferdetyp. Innerhalb mancher Rassen gibt es z.B. lokale Schläge, Schläge von leichtem und schwererem Körperbau u.ä.
trocken – Körperpartien mit klaren Linien und deutlich unter der Haut sichtbaren Knochen, Sehnen oder Adern
Zebrierung – Bei ursprünglichen Pferderassen findet man oft noch „Zebrastreifen" an den Gliedmaßen. Meist kommen sie gemeinsam mit dem *Aalstrich* vor

Register

Bildnachweis:
Animal Photography (14, 19, 33, 40, 43, 46, 49, 50, 55, 83, 90, 91), Gabriele Boiselle (51), Klara Decker (23 oben, 53 unten, 60, 61), Gerri Delfan (5 unten, 8, 16, 18, 20, 29, 36, 39, 59, 72, 85), Hans Dossenbach (15, 23 unten, 63 oben und Mitte, 64, 67, 75, 82), Monika Dossenbach (69), Werner Ernst (26, 27, 84), W. Heising (30), Kit Houghton (12, 13, 17, 21, 28, 32, 35, 37, 44, 45, 47, 48, 66, 81, 87, 92), Sabine Küpper (73, 80), Bob Langrish (58), Lothar Lenz (9, 41, 42, 53 oben, 63 unten, 68, 71(2), 79), Uta Over (54), Reinhard Tierfoto (5 oben, 7, 78), Sabine Stuewer (Haupttitelseite, 24, 34, 38, 57, 65, 74, 76, 77), Hildegard Tollkötter (56), Rick van Lent (10, 11, 25, 86, 88, 89) und Jutta Wego (31).

Mit 90 Farbfotos (siehe Bildnachweis), 12 s/w- und 4 Farbillustrationen sowie einer Karte von Rahel Schale, Schwäbisch-Gmünd

Umschlag von eStudio Calamar, Pau, unter Verwendung von drei Farbfotos.
Umschlagvorderseite: G. Kärcher/Sorrel
Umschlagrückseite: K.-J. Guni (oben), S. Stuewer (unten)

Bibliografische Information der Deutschen Bibliothek
Die Deutsche Bibliothek verzeichnet diese Publikation in der Deutschen Nationalbibliografie; detaillierte bibliografische Daten sind im Internet über http://dnb.ddb.de abrufbar.

Postfach 106011
D-70049 Stuttgart
TELEFON +49 (0)711-2191-0
FAX +49 (0)711-2191-422
WEB www.kosmos.de
E-MAIL info@kosmos.de

Gedruckt auf chlorfrei gebleichtem Papier

2. Auflage

ISBN 3-440-09542-8
Lektorat: Ulrike Huber
Gestaltungskonzept: Atelier Reichert
Satz: Kittelberger, Reutlingen
Reproduktion: Repro GmbH, Fellbach
Produktion: Lilo Pabel
Druck und Bindung: Printer Trento S.r.l., Trento
Printed in Italy/Imprimé en Italie

Gangarten

Das Pferd verfügt über drei Grundgangarten: Schritt, Trab und Galopp. Einige Rassen kennen zusätzlich noch den Paß. Da dieser aber für den Reiter unbequem ist, wurde er den meisten europäischen Pferderassen abgezüchtet und kehrte erst mit der Einführung verschiedener Gangpferderassen aus aller Welt auf unseren Kontinent zurück (mehr darüber im Kapitel „Gangpferde“, Seite 52ff.)

Schritt:
Viertaktgangart.
Bewegungsabfolge:
hinten links - vorne links - hinten rechts - vorne rechts

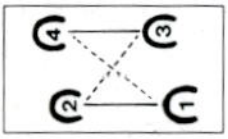

Trab:
Zweitaktgangart.
Bewegungsabfolge:
hinten links und vorne rechts gleichzeitig - hinten rechts und vorne links gleichzeitig

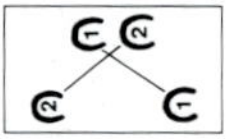

Paß:
Zweitaktgangart.
Bewegungsabfolge:
hinten links und vorne links gleichzeitig - hinten rechts und vorne rechts gleichzeitig

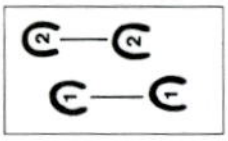

Galopp (hier Rechtsgalopp):
Dreitaktgangart.
Bewegungsabfolge:
hinten links - hinten rechts und vorne links gleichzeitig - vorne rechts

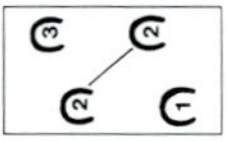